KB071748

엄마가 하지 못한 말
아이가 듣고 싶은 말

42년 차 자녀교육 전문가의
다시 배우는 부모 대화법

최경선 지음

엄마가 하지 못한 말
아이가 듣고 싶은 말

청림Life

아이 마음에
상처 주고 후회하는

부모들의
진짜 속마음

"사실은 이렇게
말해주고 싶었어"

일러두기

· 본문에 등장하는 아이들의 이름은 개인 정보 유출을 막고자 가명으로 처리했음을 밝힙니다.
· 이 책에서 소개하는 '엄마의 말'은 아이를 돌보는 모든 양육자에게 제안하는 내용이지만
  편의상 독자를 '엄마'로 상정하여 표기했습니다.

내 아이를 위한 따뜻한 대화 습관,
긍정의 육아 태그

저희 유치원에서는 종종 추적놀이를 합니다. 아이들끼리 팀을 이뤄 어른의 도움 없이 목표 지점까지 가는 놀이예요. 하루는 다섯 살짜리 아이들을 안전하게 보호하기 위해 암행어사처럼 아이들의 뒤를 따라가고 있었습니다. 그때 생각지도 못한 감동적인 장면을 목격했습니다. 아이들 네 명이 두려웠는지 서로 힘내자고 말하며 격려를 하는 거예요.

"우리 할 수 있어! 가자! 할 수 있어!" 그런 아이들의 모습이 얼마나 예쁘던지요. 그 순간을 놓칠세라 얼른 스마트폰을 꺼내 동영상으로 촬영해 간직했습니다.

얼마 후, 추적놀이를 했던 아이의 어머니와 이야기를 하게 되었어요. 어머니는 자기 아이가 소심하고 또래보다 늦돼 보여서 무척 속상하다며 고민을 털어놓았습니다. 육아가 처음이라 아이를 어떻게 이끌어야 하는지, 어떤 말로 아이를 위로하고 격려해야 하는지를 모르겠다고 하시더군요. 그래서 며칠 전 촬영한 영상을 보여드렸어요. 어머니는 서로 격려하고 친구의 손을 꼭 잡은 채 의젓하게 걷는 아이의 뒷모습을 보며 눈물을 글썽였습니다.

"이렇게 씩씩한 것을 보니 안심이 되네요." 평소 아이가 한없이 갓난아이 같고 소심해 걱정이 가득하던 엄마로서는 자신이 몰랐던 아이의 당찬 모습에 기특한 마음이 들었을 겁니다. 아마도 아이에게서 새로운 면을 발견했을 거예요. 용기와 배려는 물론, 자기표현도 할 줄 아는 아이의 모습을 말이죠. 자기도 모르게 아이에게 달아줬던 부정적 꼬리표는 슬그머니 내려놨을 것입니다.

어떤 아이라도 부모에게는 눈에 넣어도 아프지 않을 존재지만, 아무래도 다른 아이들과 비교하는 마음이 드는 것은 부모라면 누구나 경험했을 것입니다. 또 유치원을 드나드는 부모들 중에는 아이에게 용기를 북돋기 위해 밝고 긍정적인 말을 하려고 해도 쉽게 입을 떼지 못하는 자신을 탓하는 분들도 상당히 많습니다. 자칫 부모로서 갖춰야 할 마음가짐이 부족하다고 자책하기 쉽습니다.

하지만 걱정마세요. 그런 마음을 먹었다는 것만으로도 충분히 현명한 부모가 되기 위한 첫걸음 뗀 것이나 마찬가지입니다. 누구나 태어나 처음으로 아이를 낳고 기르면서 부모로서의 삶을 처음 살아보는 것이니까요. 단지 육아에 대한 사전지식이 부족한 결과일 뿐입니다. 올바른 육아의 방법을 이해하고 똑똑하게 연습하기만 하면 누구나 현명한 부모로 성장할 수 있습니다. 바로 이 책에서 소개하고자 하는 육아 태그와 같은 방법들이죠.

긍정의 육아 태그는 아이의 강점을 찾아내고 키워주는 키워드와도 같습니다. 아이들이 부모에게 듣고 싶어 하는 말이라고 이해하면 좋겠네요. 누구나 자신을 칭찬하거나 인정해주는 말을 들으면 자존감이 한층 더 생기고, 칭찬을 더 받고 인정을 더 받기 위해 노력하게 되죠. 바로 그러한 선순환을 이끌어내는 말들이 긍정의 육아 태그입니다.

흔히 태그, 즉 꼬리표는 부정적인 의미로 많이 쓰입니다. 게으른 아이, 잘 우는 아이, 말 안 듣는 아이, 고집 센 아이, 소심한 아이! 이렇게 아이에게 부정적인 의미를 담은 말을 자주 하면 아이에 대한 오해와 편견만 키우고 심하게는 아이의 자존감을 깎아내릴 뿐입니다. 그리고 한번 삐딱하게 붙인 부정의 꼬리표는 떼어내기도 쉽지 않아요. 긍정의 육아 태그는 아이에 대한 부정적 꼬리표를 과감히 걷어내고, 그 자리에 긍정의 의미가 담긴 새로운 꼬리표를 달아주는 시도입니다. 양육자의 뜨거운 사랑과 기다림이라는 접착제로 아이들에게 긍정의 말들을 지속적으로 건네는 것이에요.

지난 40여 년간 수많은 아이와 부모를 만나왔습니다. 그동안 세상이 참 많이 변했고 아이를 키우는 모습도 빠르게 변했어요. 하지만 결코 변하지 않는 것도 있었습니다. 바로 양육자가 말하는 대로, 생각하는 대로, 이끄는 대로 아이들이 자란다는 사실입니다. 부모의 마음처럼 아이가 자라주지 않고 더뎌 보여도, 인내심을 갖고 기다리며 긍정의 말로 응원하다 보면 아이들은 자신의 속도에 맞춰 나답게, 씩씩하게, 자기 자신을 사랑하며 자랍니다. 그래서 양육자의 긍정적 시선이, 마음 다스림이, 흔들림 없는 훈육이 더없이 중요해요.

《엄마가 하지 못한 말 아이가 듣고 싶은 말》에서는 모두 다섯 가지의 태그를 소개하고자 합니다. 내 아이의 자존감과 자신감, 회복탄력성 등을 키워주는 '마음의 태그', 일상생활 속에서 먹고 입고 씻는 등의 습관을 스스로 다져가도록 돕는 '생활의 태그', 건전한 친구관계를 맺고 예의범절도 잘 지키는 청소년으로 자라도록 돕는 '관계의 태그', 하루 24시간 일주일을 알차고 긍정적으로 보낼 수 있는 지혜를 부모와 아이가 함께 연습하는 '긍정의 태그', 아이의 성장을 위해 양육자들이 먼저 익혀야 할 사랑의 육아와 성장의 마음가짐을 다루는 '마미 태그와 대디태그'입니다. 특히 3세부터 7세 사이의 자녀를 둔 가정이라면 누구나 고민할 법한 주제들을 일상생활에서 쉽게 적용할 수 있도록 다뤘습니다. 가장 밑바탕에는 아이들의 건강한 자존감을 키울 수 있는 내용이 담겨 있습니다.

이 책에서 소개하는 태그들을 하나하나 연습하다 보면 학교 입학을 앞둔 자녀에게 올바른 생활습관과 단단한 마음을 선물할 수 있으리라 생각합니다. 또 자녀의 강점을 발견하고 키워주는 과정을 통해 무엇과도 바꿀 수 없는 육아의 기쁨도 느낄 수 있으리라 기대합니다.

긍정의 육아 태그를 연습하다 보면 양육자들도 자기 자신에 대해 긍정적인 태그를 붙이는 데 익숙해지고, 자신이 귀하게 여기는 선물을 스스로에게 전하게 돼요. 그래서 저는 찰나처럼 지나가는 자녀의 유아기를 충분히 즐기면서 부모로서 성장하는 행복도 함께 누리길 바랍니다. 저와 함께하는 과정 속에서 힘든 육아의 길을 걷는 양육자들이 위로와 격려를 얻어가면 좋겠습니다. 양육자와 아이 모두, 사랑 가득한 시절을 보내길 기원합니다.

차례

1장   내 아이의 자존감을 살리는 한마디
      # 마음의 태그

2장   서툴러도 스스로 해결하는 아이를 만드는 한마디
      # 생활의 태그

내 아이의
자존감을 살리는
한마디

1장

#마음의 태그

7세까지 만들어가는
긍정의 육아 태그

#긍정의 육아 태그
#3~7세가 적기

'태그tag(꼬리표)' 하면 두 가지가 떠오릅니다. 옷이나 신발에 제품 정보를 담아 달아놓는 일반적인 '태그', SNS에 게시글을 올릴 때 쉽게 찾아볼 수 있도록 주제를 표기하는 '해시태그'예요. 사용 방법이야 어떻든 태그는 그 이름에 걸맞게 정체성을 담아 다른 사람이 쉽게 확인할 수 있도록 다는 꼬리표입니다.

옷에 달린 태그에는 어떤 섬유로 만들어졌는지, 세탁은 어떻게 해야 하는지 등이 적혀 있죠. 해시태그에는 글을 쓴 시간, 장소, 생각 등이 담깁니다. 그리고 이 정보들은 쉽게 변하지 않아요. 이미 경험한 사건이나 감정이 달라지지 않는 것처럼 말이죠. 그렇다면 '긍정의 육아 태그'란 무엇일까요?

SNS에 해시태그가 있듯, 자녀 교육을 위한 긍정의 육아 태그라는 것이 있습니다. 긍정의 육아 태그란 자녀에게 달아주는 긍정의 '꼬리표'를 말합니다. 보통 꼬리표라고 하면 우선 부정적인 느낌부터 전해집니다. 그동안 우리가 꼬리표에 좋지 않은 것을 담아 서로에게 달아주었기 때문이에요. 게다가 한번 달린 부정의 꼬리표는 아무리 애를 써도 잘 떨어지지 않죠. 긍정의 육아 태그는 그동안 우리가 나쁘게만 사용했던 꼬리표를 다르게 사용하려는 시도입니다.

올바른 습관과 행복한 마음을 담은 태그를 자녀에게 단단히 붙여놓는 것이 바로 '긍정의 육아 태그'입니다. 긍정의 육아 태그에는 많은 것을 담을 수 있어요. 건강한 자존감, 멋진 생활습관, 즐거운 마음 등 무궁무진합니다. 무엇보다 꼬리표는 자녀의 일부가 되는 것은 물론, '긍정적인 아이!' '자존감 높은 아이!' 하면 자연스럽게 자녀가 연상되는 기능을 합니다. 마치 해시태그를 누르면 관련된 콘텐츠가 나오는 것처럼 말이에요. 특히 태어나서부터 7세까지 가장 강력하고도 풍요로운 태그를 마음껏 달아줄 수 있습니다.

물론 아무리 애를 써도 달아줄 수 없는 태그도 있습니다. '천성'과 관련된 부분이 그렇습니다. 조용하거나 배려심이 많거나 승부욕이 많게 타고난 것은 바꿀 수도 없고 바뀌지도 않습니다. 긍정의 육아 태그는 아이가 타고난 천성은 인정하면서 좋은 부분을 더 살려주고 부족한 부분을 교육과 학습을 통해 조금씩 보완하는 것을 말해요. 양육자의 바람을 담아 억지로 강요하는 것이 아니라 아이를 있는 그대로 인정하면서 타고난 강점을 더 키워주고 단점을 보완하는 것입니다. 때로는 태그에 '바람' 대신 '사랑'을 듬뿍 담을 수도 있어요.

♥

아이의 천성과 미래를 적절히 조화시키는 틀

아이의 출생부터 7세까지를 말하는 영유아기는 인생의 기초를 다지는 시기입니다. 그런 만큼 자녀를 대표할 수 있는 긍정의 육아 태그를 달아주기에 가장 효과적인 시기이기도 해요. 미국의 교육심리학자 벤저민 블룸Benjamin S. Bloom에 따르면 인간의 성격은 유아기(5, 6세)에 거의 완성되며, 지능은 4세에 50%, 8세에 80%가 완성된다고 합니다. 인생을 건물에 비유하면 그 크기와 강도를 좌우하는 틀, 즉 지반과 골조가 유아기에 형성된다는 뜻이죠.

물론 아이마다 타고난 기질도 있습니다. 양육자가 아무리 노력해도 만들어주거나 바꿔줄 수 없는 것이 분명 있어요. 흔히 천성이라 부르는 아이의 기질은 인정하고 수용해줘야 합니다. 하지만 제아무리 활달한 아이라도 양보하는 법을, 조용한 아이라도 자신을 표현하는 법을 배울 수는 있어요. 타고난 기질을 지켜주면서 자녀가 살아가는 데 필요한 '제2의 천성'을 만들어주는 것이 바로 긍정의 육아 태그입니다.

♥
3세부터 7세까지가 육아 태그의 적기

아기는 태어난 지 12개월 정도 되면 자신을 돌봐주는 양육자를 구별합니다. 목소리와 냄새, 감촉, 얼굴 생김으로 엄마와 아빠를 알아보고 애착을 느끼게 되지요. 이 시기까지는 아기를 먹이고 돌보는 것과 함께 애착을 형성하는 것이 가장 중요합니다. 배고파하거나 기저귀가 젖었을 때 언제든지 돌봐줄 양육자가 곁에 있다는 것을 알려줘야 하고 눈을 맞추며 아기를 안심시켜줘야 해요.

18개월이 되면 아기는 애착을 형성한 사람에게 적극적으로 관계 형성을 하려고 하며, 24개월 정도 되면 기억력이 놀라울 정도로 확장돼 애착을 형성한 사람의 행동을 예측할 수 있게 됩니다. 점점 분리 불안이 줄어드는 시기이기도 하죠.

24개월 이후인 3세 이상이 되면 영아기를 벗어나 유아기로 접어듭니다. 3세부터 7세까지를 의미하는 유아기에는 두뇌와 중추신경계가 가장 빠른 속도로 쑥쑥 자랍니다. 애착 또한 어느 정도 완성되는 시기이며 언어와 사회성, 자율성과 인지 발달 등 다양한 발달을 기대할 수 있습니다.

바로 이때가 긍정의 육아 태그를 달아줄 수 있는 적기입니다. 독일의 사상가 루돌프 슈타이너Rudolf Steiner는 도덕성이나 인격이 결정적으로 형성되고 모든 것을 스펀지처럼 흡수하는 3세부터 7세까지의 시기를 '모방 연령'이라 부르기도 했어요. 이 시기에는 생활 훈련은 물론, 감정을 다루는 법과 친구를 대하는 법을 알려줘야 합니다. 또한 긍정의 태그까지 함께 갖게 된다면 아이가 살아가면서 흔들리지 않는 긍정적 자아상을 가질 수 있어요.

아이가 많은 경험을 할 수 있다는 의미는 그만큼 곧 가르칠 것도 많고, 힘든 것도 많다는 것입니다. 아이들은 3세가 되면 살아가는 데 가장 기본적인 것들, 예를 들어 밥 먹는 법부터 옷 입는 법, 인사하는 법을 배우기 시작합니다. 어린이집과 유치원에서 친구들을 만나면서 공동체를 경험하고 또래들과 어울리는 법도 배우죠. 이 시기는 스스로 할 수 있는 것이 늘어나는 동시에 배워야 할 것도 많아지는 때입니다. 작게는 자기 물건을 챙기는 연습부터 크게는 의사 표현까지 할 일이 아주 많아져요.

자신을 보호하는 법(싫어, 하지 마 등)도 익혀야 하고 좋아하는 친구가 거절했을 때 잘 받아들이는 데도 익숙해져야 합니다. 양육자는 자신의 아이가 이러한 행동에 서툴러도 몇 번이고 시도할 수 있도록 기회를 줘야 합니다. 아이가 시행착오를 겪을 수 있도록 이끌고 성공 여부와 상관없이 격려해줘야 합니다. 이렇게 하나씩 하나씩 경험할 때 아이 스스로 할 수 있는 영역이 늘어나게 되고 새로운 것을 탐구하려는 마음도 생기거든요.

모든 것이 처음인 아이들은 때때로 적응하는 것을 어려워하고 때때로 실패하기도 합니다. 양육자들도 처음 아이를 지도하는 탓에 갈팡질팡하며 어떻게 대처할지 몰라 힘들어하는 시기이기도 해요. 하지만 다르게 본다면 그 어려운 시기는 굉장히 행복한 가능성의 시기입니다. 허허벌판의 땅에 처음으로 건물을 지으려고 할 때는 무엇이 좋을지 머뭇머뭇 망설여지지만, 자신이 생각하는 대로 지을 수 있는 것도 바로 그때거든요. 지금 우리 아이는 양육자의 도움을 받아 자신만의 땅 가장 밑바탕에 기초 공사를 하고 있는 거예요. 엄마와 아빠는 아이가 혼자서 한 층 한 층 자신의 건물을 쌓아올릴 수 있도록 시간을 두고 옆에서 지켜봐야 합니다. 그리고 시간이 더 지나면 아이가 스스로 헤쳐나갈 수 있도록 옆에서 떠나줘야 합니다.

인생에서 딱 한 번, 양육자와 함께하는 유일한 시기에 자녀가 기초 공사를 튼튼하고 넓게 시작할 수 있도록 응원을 보내주세요. 그리고 그 시간을 모쪼록 즐기면서 자녀를 키우는 기쁨을 경험하길 바랍니다.

건강한 자존감,
육아 태그의 첫 단추

#자존감 높은 아이
#자존감과 자존심의 차이

긍정의 육아 태그는 바로 건강한 '자존감'부터 시작됩니다. '나 자신을 존중하는 마음'이란 뜻의 자존감은 우리에게 익숙한 단어이자 개념인데요. 그런데 좀처럼 친해지지 않는 것도 바로 이 자존감이에요.

한동안 '자존감'이 각종 방송과 매체를 휩쓸었습니다. 여기저기서 전문가들이 등장해 자존감을 강조하고 모든 것이 자존감 때문이라고 경고하며 자기 자신을 소중한 존재로 여겨야 한다는 주제로 강연을 하기 바빴어요. 특히 자녀에게 건강한 자존감을 만들어주는 것이 부모의 가장 큰 임무라고 강조했습니다.

하지만 자녀의 자존감을 키워줘야 한다는 느낌만 알 뿐, 막상 행동

하려 하면 참 모를 것이 자존감입니다. 또 자존심이나 자신감과 헷갈리기도 하고요.

자존감은 말 그대로 '자기 자신을 존중하는 마음'입니다. 자존심과는 조금 달라요. 자존심은 다른 사람에게 '지거나 굽히고 싶지 않은 마음'이며, 자신감은 '해낼 수 있다'는 감정으로 자존감과 많은 연결 고리를 갖고 있어요.

♥
자존감, '나는 소중하고 괜찮은 사람'이라고 느끼는 것

"엄마! 내가 이거 그렸는데 완전 잘했지요?"
"아빠! 나 피아노 진짜 잘 치지요?"

가끔 아이들은 스스로 잘했다고 생각하는 것들을 자랑하며 인정받고 싶어 합니다. 그리고 그때 양육자가 진지하게 공감해주면 자신에 대해 '괜찮은 사람'이라 생각하게 되고 이런 경험이 쌓여 자존감의 기초가 돼요. 대개 5~7세 사이에 이러한 생각이 만들어집니다. 이때 주변의 반응에 따라 자신에게 부여하는 가치와 감정, 즉 자존감의 크기가 달라집니다. 인정을 듬뿍 받은 아이는 자존감 높은 아이로, 그러지 못한 아이는 자존감 낮은 아이로 자라는 것이죠.

그런데 많은 부모가 자존감에 대해 오해하고 있습니다. 바로 자존감이 높으면 리더십이 있고, 활동적이며, 친구도 잘 사귄다고 생각하는 거예요. 아이들에게 리더십을 심어주려고 애쓰는 것도 자존감에 대한 오해 때문입니다. 하지만 리더십은 대부분 기질적인 것과 관련됩니다. 자존감은 리더십과의 연관성이 그리 많지 않아요. 내성적인 아이도, 섬세한 아이도, 많은 친구를 사귀지 않는 아이도 얼마든지 건강하고 높은 자존감을 가질 수 있거든요.

예를 들어 여럿이 함께 줄을 지어 행군을 한다고 생각해보죠. 맨앞에 있는 사람은 깃발을 들고 나머지 사람들은 뒤에서 열심히 따라가겠죠. 이때 깃발을 든 사람은 딱 한 명, 바로 리더입니다. 아마도 그는 활동적이고 사람을 끌어당기는 힘이 있으며 앞장서는 것을 즐기는 사람일 거예요. 하지만 앞선 사람이 마냥 행복하고 스스로를 사랑하는지는 알 수 없어요. 어쩌면 부담스러워서 뒤에 서고 싶을 수도 있습니다.

그렇다면 뒤따라가는 대다수의 사람들은 어떨까요? 어떤 사람은 앞장서고 싶을 수도 있고, 어떤 사람은 현재의 자기 자리가 편할 수도 있습니다. 또 내가 맡은 역할을 잘 해내는 것을 자랑스럽고 소중하게 여길 수 있습니다.

건강한 자존감은 리더가 아니더라도, 공부를 못하더라도, 친구 관계가 어렵더라도, 운동을 못하더라도 자신은 사랑받을 가치가 충분한 존재라고 믿고, 다음에는 해낼 수 있다고 믿는 마음이에요. 그리고 만약 해내지 못하더라도 자신을 좋아하는 마음입니다. 그래서 양육자는 아이가 어떠한 상황에서도 자신을 잃지 않고 사랑하고 존중하도록 이끌어줘야 해요. 이런 건강한 자존감의 토대는 유아 시절에 만들어지며 양육자의 인정과 칭찬, 긍정의 반응들이 차곡차곡 쌓일 때 형성됩니다.

♥

비슷하면서도 다른 자존감과 자존심

아이가 혼자 종이접기를 하고 있습니다. 고사리 같은 손으로 열심히 종이를 접었어요. 그런데 결과는 안타깝게도 엉망진창으로 구깃구깃해진 종이 뭉치네요. 이때 엄마가 아이의 종이접기를 보고 다가갑니다. 결과가 어떻든 뭔가를 만들어낸 아이가 기특해서, 마무리하는 것을 도와주고 싶어서 부드럽게 말을 건넵니다.

"어떡하지? 종이접기가 잘 안됐네. 엄마랑 다시 해볼까?"

그때 아이의 반응은 크게 두 가지로 나뉩니다.

"네! 종이접기 하는 거 한 번만 보여주세요."

"아니야, 내가 할 수 있어요. 엄마는 저리 가."

자존감이 높은 아이는 지적을 받았을 때 그것을 수용하고 건설적인 방향으로 나아갑니다. 반면 자존심이 강한 아이는 지적을 받으면 마치 자신이 진 것 같은 느낌을 받고 자신에 대한 '공격'이라 받아들여요.

간혹 자존심이 강한 아이를 보고 자존감이 높다고 생각하는 양육자가 많습니다. 자존심이 강하면 보통 "나는 할 수 있어요." "내가 먼저 할래요." 하며 의욕적으로 자기 자신을 내보이거든요. 그래서 자존심이 강한 아이는 청소년기에 공부를 잘하는 경우가 많습니다. 비난당하기 싫어하고 경쟁에서 이기고 싶어서 열심히 노력하거든요. 하지만 자존심이 강하다고 자존감이 높은 것은 아니에요. 오히려 졌을 때 상처받기 때문에 자기 자신을 좋아하지 않는 경우도 굉장히 많습니다.

만약 우리 아이가 자존심이 강하다면, 기질적으로 승부욕이 있고 어떤 일을 이루고자 하는 마음이 강하다면, 잘 지는 법을 알려줘야 합니다. 그리고 누군가의 의견을 받아들인다고 해서 자신이 지는 것이 아님을 알려줘야 합니다. 더불어 다른 사람 앞에서 자신을 굽히더라도 자신이 소중한 존재라는 것을 알려줘야 합니다. 이를 반대로 말하면 승부욕이 없더라도, 자존심이 강하지 않더라도, 자존감은 충분히 높을 수 있으며, 앞으로 높아질 수 있다는 걸 뜻해요.

사람의 몸을 자동차에 비유한다면 자존감은 '엔진'과도 같습니다. 튼튼하고 배기량이 큰 엔진을 갖추면 앞으로 쭉쭉 달려 나갈 수 있지요. 자존감은 나는 소중한 존재이고, 사랑받을 가치가 있으며, 누군가를 사랑할 수 있는 사람이라고 믿는 것입니다. 그리고 실패하더라도 또 해낼 수 있다고 믿는 마음이에요. 이런 건강한 자존감이 아이의 마음에 가득 들어차 있다면 살아가면서 만날 수많은 굴곡을 씩씩하게 헤쳐나갈 수 있을 거예요.

아동은 학령기에 접어들면 그동안 익숙했던 것들과 헤어져 새로운 경험을 하게 됩니다. 많은 것을 돌봐주던 유치원을 떠나 모든 것을 자기 손으로 해야 하는 학교에 들어가고 그곳에서 새로운 친구들을 만나지요. 그리고 훨씬 어려운 학습을 소화하며 말 그대로 갖가지 '장애'를 만나게 됩니다. 이때 자존감이 높은 아이들은 장애물을 즐거운 도전으로 받아들이며 헤쳐갑니다. 하지만 자존감이 낮으면 생전 처음 겪는 일들이 시련처럼 느껴져서 불안해해요. 그래서 유아기의 아이들에게는 자기 자신을 좋아하도록, 할 수 있다는 마음을 갖도록, 못해도 안 하는 것보다 훨씬 낫다는 걸 알려주는 것이 중요합니다. 이 마음을 심어주는 도구는 인정과 칭찬, 그리고 긍정의 언어들입니다. 이에 대해서는 뒤에서 차근차근 알아보도록 하겠습니다.

아이의 타고난 재능을 키워주는
인정의 힘

#인정받는 아이
#매슬로 욕구 단계 이론

"나연아, 네가 몇 살인데 아직도 양치를 혼자 못 하니? 동생은 다섯 살인데도 알아서 양치하잖아! 얼마나 더 도와줘야 혼자 할 수 있겠어? 답답하다, 정말! 귀찮아 죽겠네, 죽겠어."

일곱 살 나연이는 오늘도 양치질 때문에 엄마에게 혼나고 말았어요. 저녁 먹고 나서 양치질하라는 엄마의 말에 욕실로 들어가긴 했는데 좀 머뭇거렸거든요. 나연이를 기다려주지 못한 엄마는 얼른 칫솔을 뺏어 들고는 거칠게 양치질을 해주고 말았습니다. 나연이는 힘찬 칫솔질에 잇몸이 아팠지만 혼날까 봐 아무 말도 못 하고 꾹 참았어요.

사실 나연이는 혼자 양치질을 할 수 있습니다. 다만 조금 서툴 뿐이에요. 그런데 몸과 마음이 바쁜 엄마는 그런 나연이를 기다려주지 못합니다. 치약을 떨어뜨려도 혼내고, 칫솔질을 제대로 못 해도 혼내고 심지어 동생과 비교까지 하거든요. 그래서 나연이는 주눅이 들었고 양치질할 시간만 되면 움직임이 더 느려졌던 거예요.

나연이 어머니는 아이 둘을 키우는 워킹맘이라 집에서도 굉장히 바쁘게 움직여야 합니다. 그런데 나연이는 느긋하고 섬세한 아이라 엄마의 속도에 맞추기가 여간 어려운 게 아니에요. 더군다나 자꾸 못한다고 지적당하고 비교당하니 위축이 되었고 '엄마는 나를 싫어해' '엄마는 동생만 좋아해' 하고 생각하게 되었습니다. 반면 동생은 칭찬을 듣고자 엄마 기분을 요리조리 살피는, 또래에 비해 눈치 빠른 아이가 되었고요.

아이들은 타고난 기질에 따라 천차만별입니다. 느긋한 아이도 있고, 급한 아이도 있어요. 자립심이 강한 아이도 있고, 하나하나 돌봐줘야 하는 아이도 있죠. 아이의 기질이 양육자와 맞는다면 사실 문젯거리도 별로 없어요. 하지만 아이와 양육자의 기질이 정말 다르거나 양육자가 다름을 못 받아들일 때 필연적으로 갈등이 일어납니다. 성격이 느긋한 양육자는 급한 아이를, 의지적인 양육자는 감성적이고 배려심이 많은 아이를, 승부욕이 강한 양육자는 느긋한 아이를 받아들이기 어렵고 기르기도 어려워합니다. 아무리 그래도 자기가 낳은 자식이니 자신에게 없는 면을 가졌다고 생각하며 아이만의 장점을 찾으려는 부모들도 많습니다. 하지만 그렇게 마음을 추슬러도 가끔 아이와 정말 궁합이 안 맞는다는 생각이 들면 욱하고 감정적인 말이 쏟아지기 마련이죠.

그런데 자녀의 자존감과 미래를 생각한다면 아이를 있는 그대로 '수용'하면서 인정해야 합니다. 어른들도 가족이나 사회에서 사람들이 자신을 고치려 들지 않고 누구와도 비교하지 않은 채 나 자신의 모습을 있는 그대로 인정해줄 때 엄청난 에너지를 얻습니다. 하물며 양육자를 통해 세상을 만나는 아이들은 어떨까요? 누구보다 사랑하는 양육자에게 자신의 모습을 있는 그대로 인정받고 받아들여질 때 안정감을 느끼고 자기 자신을 긍정하게 됩니다.

"어머! 나연이가 오늘 양치를 혼자 했구나! 이도 더 하얘진 거 같고 정말 기특하다!"
"내가 양치질만 잘하는 줄 아세요? 세수도 잘해요."

양치 시간이 5분, 10분이 걸려도 기다리고 인정해줘야 합니다. 생각보다 양치를 빨리 끝내서 제대로 이를 안 닦은 것 같아도 참고 기다리면서 아이의 행동을 인정해줘야 합니다. 그럼 자녀는 단순히 양치질을 잘하는 것을 넘어 '엄마는 나를 좋아한다' '나는 할 수 있다'는 마음을 가지게 돼요. 바로 이것이 건강한 자존감의 시작입니다.

　어른이나 아이나 인정받고 싶은 것은 인간의 기본적인 욕구입니다. 심리학에서 다루는 인간의 욕구를 한번 살펴볼까요? 인본주의 심리학자 에이브러햄 매슬로Abraham Harold Maslow는 인간의 욕구를 다음과 같이 5단계로 분석했어요.

　인간의 욕구는 1단계 생리적 욕구, 2단계 안전 욕구, 3단계 소속과 애정 욕구, 4단계 자아존중의 욕구, 5단계 자아실현의 욕구로 이루어져 있다고 합니다. 인간의 욕구 단계를 피라미드로 쌓은 모양이 상징하듯 가장 밑바탕의 욕구가 채워져야 그다음 단계로 나아갈 수 있다는 것이 매슬로가 제시한 욕구 단계 이론의 핵심이에요.

매슬로의
욕구 단계 이론

자아 실현의 욕구

자존의 욕구

소속과 애정의 욕구

안전의 욕구

생리적 욕구

일단 인간은 잘 먹고, 잘 자야 하며, 신변의 안전을 위협당하지 않아야 합니다. 그다음으로 등장하는 소속과 애정의 욕구가 바로 인정 욕구에 해당돼요. 사람은 누구나 가족이나 단체의 일원이 되어 소속감을 느끼고 사랑받고 싶어 합니다. 이렇게 인정을 받고 나면 다음 단계인 지적 욕구와 자아실현의 욕구로 나아가 자신의 뜻을 펼치려 하게 되죠.

매슬로의 이론이 인간의 욕구에 들어맞지 않는다고 주장하는 심리학자도 많습니다. 그들은 인정 욕구나 자아실현의 욕구가 반드시 상위에 있는 것이 아니며, 잘 먹고 잘 자는 욕구보다 더 우선시될 수 있다고 주장합니다. 이를 뒤집어 생각하면 그만큼 인정받고 사랑받는 것이 사람에게 굉장히 중요한 일이라는 것이죠.

아직 사회에 발을 내딛지 않은 아이들은 세상에서 가장 사랑하는 부모에게 인정받길 원합니다. 어떻게 하면 더 예쁨을 받을 수 있을지 고민하고 노력하기도 하지요. 그렇게 가정에서 사랑과 인정을 받으면 자신은 소중한 존재이며 무엇이든 할 수 있는 존재라는 믿음이 생깁니다. 바로 그것이 자존감이에요. 아이들이 부모에게 자신을 알아달라거나 칭찬해달라고 요구하는 것은 "제 자존감을 세워주세요." 하고 보내는 신호와도 같습니다. 이런 아이들에게 우리는 조건 없는 인정을 보내줘야 합니다. 만약 아이의 타고난 기질이나 아이가 해낸 일 등을 외면하고 인정에 인색하다면, 훗날 아이는 다른 사람에게 인정받으려는 성향이 강해질 수 있어요.

그런데 가끔 아이를 인정하라는 말을 잘못 이해하는 분들이 있습니다. 아이의 잘못된 행동까지도 '원래 성격이 저러니까' 하면서 받아들여야 한다고 생각하는 것이죠. 부모로서 가르칠 것은 가르쳐야 합니다. 생활습관, 학습태도, 예의범절 등 가르칠 것은 가르치되 아이의 타고난 기질과 아이가 해낸 일에 대해서 인정해주자는 것이죠.

활동적인 아이가 어느 날 갑자기 책상을 꼼꼼하게 정리하기는 힘들 거예요. 입이 짧은 아이가 한순간에 김치만 있어도 밥 한 그릇을 뚝딱 비우기는 어렵습니다. 조용한 아이가 골목대장이 되기도 힘든 일입니다. 이렇게 타고난 기질은 바꾸기도 어렵고 바꿀 수도 없지만 보완은 가능합니다.

활동적인 아이도 훈련을 통해 책상을 정리할 수 있고, 입이 짧은 아이도 자신이 먹을 수 있는 것을 하나씩 늘려나갈 수 있죠. 조용한 아이도 마음을 나눌 친구를 사귈 수 있습니다. 아이의 기질을 인정하면서, 또 아이의 기질을 비난하거나 혼내지 않으면서 살아가는 데 필요한 것들을 알려줄 수 있어요.

물론 부모 입장에서는 힘이 듭니다. 마음속으로는 그러지 말아야지 하면서도 화가 올라오고 아이에게 '넌 누굴 닮아 그러냐'고 소리를 지르고 싶은 순간도 있어요. 그런 부모를 만날 때면 저는 두 가지 기억을 떠올려보라고 권합니다.

첫 번째는 아이가 태어났을 때를 생각해보는 거예요. 아마 많은 부모가 아이와 관련된 모든 것에 감사했을 겁니다. 무사히 태어나줘서 고맙고, 손가락 발가락이 다 있어서 고맙고, 시원하게 첫 울음을 터뜨려줘서 고마웠을 거예요. 지금은 어떤가요? 무사히 자라줘서, 어느새 자라 유치원에 다녀줘서, 혼자 세수를 해서⋯ 아이에게 고마운 것이 한가득일 겁니다. 아이와의 첫 만남을 생각하면 아이가 공부를 좀 못해도, 정리를 좀 안 해도, 좀 느려도 아무것도 아닌 것으로 여겨집니다.

두 번째는 양육자 자신의 어린 시절을 떠올려보는 거예요. 우리의 부모님들은 지금보다 훨씬 엄격하게 아이들을 키웠고, 혹시라도 아이들이 자만할까 봐 칭찬도 아끼셨지요. 여러분은 부모님에게 인정받고 사랑받기 위해 어떤 노력을 했었나요? 그리고 뜻하지 않게 칭찬을 들었을 때 기분이 어땠나요? 이유도 모른 채 혼이 나면 괜히 주눅이 들었을 것이고 눈치를 보며 잘하려고 애썼을 것입니다. 반대로 뜻하지 않게 인정받았다면 어깨를 으쓱하게 되고 자신감까지 생겨 다음엔 더 잘하고 싶었겠지요.

차근차근 기억을 더듬어보면 아이를 있는 그대로 받아들이는 것이 그리 어렵지 않으리라 믿습니다. 잘 커줘서 고마운 우리 아이에게 다가가 꼭 안아주세요. 그리고 아이가 오늘 한 일에 대해 칭찬을 해주고 사랑한다고도 말해주세요. 아이가 "어제는 안 그랬는데 왜 그래요?"라고 정색할 수도 있겠죠. 그럴 때는 "아빠가(혹은 엄마가), 더 좋은 부모가 되려고 노력하고 있어. 책도 보면서 공부하고 있어." 하고 솔직하게 대답해주세요. 그럼 우리 아이들도 노력하는 부모의 마음을 느끼고 더욱 양육자를 믿으며 사랑하게 될 겁니다.

창의적인 칭찬은
아이의 성격도 바꾼다

#칭찬받는 아이
#올바른 칭찬법

굉장히 세련되고 가슴 따뜻해지는 방법으로 아이의 자존감을 키워주는 장면을 유튜브에서 본 적이 있습니다. 태권도 도장에서 일어났던 일입니다. 다섯 살 정도 된 아이가 발차기로 사범님이 들고 있는 송판을 차려고 준비 중이었죠. 그런데 아이의 힘찬 발차기에도 불구하고 송판은 깨지지 않았어요. 아이는 몇 번 시도하더니 송판이 깨지지 않는 것을 확인하고는 포기하려고 했어요. 눈가에 눈물까지 그렁그렁 맺혀서 말이죠. 그 순간이었습니다.

사범님이 아이에게 계속할 수 있다고 말해줬어요. 옆에 있던 친구들도 큰 소리로 아이의 이름을 부르며 응원을 보냈습니다. 사범님과 친구들은 아이가 거듭 실패해도 계속 기다려줬어요. 응원에 힘을 얻은 아이는 눈물을 꾹 참고 계속 도전했고 결국 송판을 깨는 데 성공했습니다. 그러자 친구들과 사범님은 엄청 큰 환호로 아이의 성공에 화답했고, 아이는 행복하게 웃었습니다.

저는 영상을 보며 굉장히 감동을 받았습니다. 할 수 있다고 끝없이 말해주는 사범님, 진심으로 아이를 응원하는 친구들, 주변의 지지를 받고 어려운 도전을 계속한 주인공, 그리고 송판을 깼을 때 진심으로 기뻐하는 모든 이의 모습에서 진정한 행복을 느꼈습니다.

칭찬이 아이들에게 어떤 의미인지를 함축적으로 보여주는 영상이라고 생각합니다. 칭찬은 우는 아이를 달래고, 용기를 내도록 도와주며, 주변 사람들과 긍정적인 관계를 맺도록 이끌어줍니다. 때때로 불가능해 보였던 것도 해낼 수 있게 하죠. 그런 만큼 자녀에게 목적 없이, 아낌없이 칭찬을 보내줘야 합니다.

♥

긍정의 자아상을 갖기 위한 대화법

사실 우리 사회는 칭찬에 참 인색해요. 많은 사람이 칭찬이 중요하다고 말을 하지만 여전히 지적에 더 익숙하지요. 학원에 영어 회화를 배우러 간다고 생각해보세요. 처음 영어를 배우는 사람은 말하기를 쑥스러워하고, 실력도 모자란 게 당연합니다. 그런 영어 초보의 입을 열게 만드는 건 지적이 아니라 응원과 격려입니다. 선생님뿐만 아니라 함께 공부하는 모든 사람의 응원과 격려가 필요해요.

"당당하게 말하는 게 멋져요!"
"말할 때 눈빛이 좋았어요."
"상대방의 대답을 끝까지 잘 들어줘서 편안했어요."

만약 영어 실력이 형편없더라도 진심으로 응원하는 말을 들으면 용기가 생기고 또 도전해보려는 마음이 생길 거예요. 하지만 우리 사회는 칭찬을 아끼고, 신랄하게 지적을 해야 발전한다고 생각하는 경향이 있어요.

"표현은 맞았는데 발음이 이상해요."
"빨리 하세요. 당신 때문에 다른 사람이 말할 시간이 줄어들잖아요."
"잘하면서 왜 못한다고 그래요?"

물론 때때로 지적이 발전에 도움이 되는 경우도 있습니다. 애정이 밑바탕에 깔린 지적은 분명히 동기부여를 위해 필요합니다. 하지만 아무 이유 없는 비아냥이나 지적을 위한 지적, 즉 비난은 듣는 사람의 의지를 꺾고 위축되게 만듭니다. 사실 누구나 그런 차이를 알 수 있죠. 진정으로 나의 발전을 위해 하는 말인지, 아니면 나의 결점만 쏙쏙 지적하면서 무시하는 말인지 금방 알 수 있어요.

결국 나를 격려하고, 나의 부족한 부분을 잘 알려주고, 내가 조금 늦더라도 기다려주고, 나의 발전을 함께 기뻐해준 사람은 신뢰하고 사랑하게 됩니다. 반면 나의 결점만 쏙쏙 골라내면서 비난한 사람은 비록 도움이 됐더라도 믿을 수 없게 되죠. 그래서 우리는 살면서 만난 많은 사람에게 지적보다 칭찬을, 재촉보다 기다림을, 부정보다 긍정의 메시지를 전해줘야 합니다. 그리고 그런 대상의 1순위는 바로 우리가 가장 사랑하는 자녀가 되겠지요.

칭찬은 아이가 긍정적인 자아상을 갖기 위해 꼭 필요한 대화법이자, 올바르게 성장하도록 뿌리는 비료입니다. 아이들은 자신이 어떤 일을 했을 때 칭찬을 받게 되면 자신이 이룬 것에 대한 뿌듯한 마음과 함께 다른 것도 할 수 있다는 자신감을 갖게 됩니다. 특히 어린아이일수록 행동 하나하나에 칭찬을 해주면 더 다양한 시도를 하게 돼요. 이때 결과가 아닌 과정에 대해 칭찬하는 것이 중요합니다. 예를 들어 신발을 혼자서 신은 아이에게, "혼자서 신발 신었네? 우리 ○○이 너무 똑똑해!"라는 결과에 대한 칭찬보다는 "신발을 혼자 신었네? 혼자 신느라 많이 힘들었겠구나! 정말 대단해."라는 과정에 대한 칭찬이 필요해요.

결과에 집중한 칭찬을 해주면 아이는 칭찬을 더 많이 더 자주 받기 위해 과도한 노력을 하게 됩니다. 그러다 보면 때론 하지 않아도 될 것까지 시도하기도 해요. 또 결과만 좋게 나온다면 과정은 어떤 방식이라도 괜찮다는 생각을 가질 수도 있고요. 그뿐만 아니라 형제나 자매가 있는 경우에는 칭찬을 더 많이 받기 위해 고자질을 하는 등 주변 사람을 곤경에 빠뜨리는 일도 벌어질 수 있어요.

양육자 중에는 "칭찬할 게 있어야 칭찬을 하죠. 말썽만 부리고 잘하는 게 하나도 없어요." 하면서 고충을 털어놓는 분들도 있습니다. 칭찬에 인색한 사회에서 살다 보니 익숙하지 않고, 갑자기 칭찬을 하려니 생각도 안 나기 때문에 그렇습니다. 이때는 양육자에게도 창의성이 필요합니다. 창의성은 아이에게만 필요한 능력이 아니에요. 시각을 조금만 바꿔도 아이에게 칭찬할 것이, 아이가 잘하는 것이 너무 많거든요. 그것을 발견해야 합니다. 또한 칭찬이라고 하면 흔히 사용하는 "잘했어!" 말고도 다른 말을 사용하면 더 효과적입니다. '잘했어'는 결과에 집중된 단어이고 아이가 무엇을 잘했는지, 무엇이 멋진지에 대한 내용이 생략되어 있으니까요.

(새로 산 옷을 입었다면) "이 티셔츠 입으니까 정말 멋지네!"
(놀이터에서 놀고 온 것을 자랑한다면) "미끄럼틀을 열 번이나 탔어? 힘이 진짜 세구나!"

(공놀이를 하다가 헛발질을 해도) "좋은 시도야! 대단해!"

(싫어하는 채소를 먹으려다가 실패했다면) "당근이 아직 별로야? 그래도 용기 있게 먹어봤네! 멋진데? 다음에 먹으면 되지 뭐."

올바른 칭찬은 아이가 오늘 혹은 지금 한 일에 대해 진심으로 공감하고 지지를 보내는 것입니다. 설령 아이가 제대로 못했더라도 응원을 해주는 것이지요. 그런데 간혹 아이의 역량을 더 키워주기 위해 비교의 메시지나 부모의 바람을 칭찬에 담는 경우가 있어요. 그러면 오히려 역효과를 불러올 수 있으니 주의해야 합니다.

"더하기를 이렇게 잘했어? 그것 봐. 이렇게 잘할 수 있는데 어제는 왜 못 했어? 엄마가 그랬잖아. 넌 똑똑하다고."

"옆집 승호랑 달리기를 해서 이겼다고? 우와, 승호보다 운동도 잘하네."

"아빠는 오늘 민아가 김치를 먹어서 정말 행복해. 내일도 또 먹자."

"혼자 책 정리할 수 있지? 지후가 정리 정돈을 잘하면 엄마가 기분이 좋을 것 같아."

아이가 어떠한 일을 해서, 누군가를 이겨서 양육자가 기분이 좋고 행복하다는 반응을 지속적으로 보여주면 자녀는 부모를 기쁘게 해주기 위해 거짓말을 하거나 과도한 노력을 하게 됩니다. 자신의 마음에 들지 않고 하기 싫은 일이어도 칭찬을 받기 위해서 억지로 하기도 해요. 그것은 도덕성을 배워야 할 시기의 자녀에게 좋지 않은 교육입니다.

마인드셋(마음가짐) 이론으로 잘 알려진 스탠퍼드대학교 심리학 교수 캐럴 드웩Carol Dweck도 칭찬의 부작용을 강조합니다. "정말로 놀라운 것은 우리가 보통 아이들을 거짓말쟁이로 만든다는 것입니다. 단지 그 아이들에게 똑똑하다고 말함으로써 말입니다."

우리는 아이가 남보다 똑똑해서, 운동을 잘해서, 얼굴이 예뻐서 사랑하는 게 아닙니다. 그저 내 아이라서 사랑하는 것이에요. 만약 아이를 향한 사랑에 조건을 걸어 '이렇게 하면 엄마 아빠가 너를 더 좋아하게 될 거야'라는 메시지를 준다면 아이들은 사랑과 칭찬을 받기 위해 거짓말도 기꺼이 하게 됩니다.

♥

올바른 칭찬의 네 가지 방법

자, 그럼 사랑하는 아이에게 올바른 칭찬을 건네는 법을 살펴볼까요?

첫째, 칭찬이 쑥스러워도 아끼지 마세요. 정말 이렇게 사소한 것도 칭찬해야 되는 걸까 싶을 때까지 폭풍 칭찬을 해주세요. 처음에는 쑥스러워서 칭찬을 잘 못해도 금방 칭찬의 프로가 될 수 있습니다. 부모가 아껴야 할 것은 비난과 비교이지 칭찬이 아니라는 것을 반드시 기억하세요.

둘째, 결과가 아닌 과정을 칭찬해주세요. 결과를 칭찬하면 잘한 것에만 주목하게 됩니다. 하지만 결과가 제대로 나오지 않았어도 아이가 시도해봤다면 마땅히 칭찬받아야 합니다. 단추를 잠그려고 열 번 시도했지만 실패할 수 있습니다. 하지만 열 번 시도한 것은 칭찬받아야 하지 않을까요? '과정'에 집중하세요.

셋째, 칭찬의 언어는 다채롭게, 창의력을 발휘하세요. '잘했어'로만 끝내지 말고 '멋지다' '대단해' '용기 있어' '씩씩해' '과감해' '책임감이 있구나' '꼼꼼해' '호기심이 많아' '고마워' 등 다양한 표현으로 칭찬을 구체화하세요. 이 과정을 반복하면 양육자도 자연스럽게 자녀의 강점을 더 잘 발견하게 됩니다.

넷째, 많은 사람에게 칭찬받을 수 있도록 주변을 활용하세요. 아이가 조용한 성격이라면 더 많은 칭찬이 필요합니다. 만약 평소 어려워하는 것에 도전했다면 주변 사람에게 알려 칭찬을 듬뿍 받을 수 있도록 해주세요. 할머니, 할아버지, 이모, 삼촌, 아이가 알고 있는 이웃 등 많은 사람에게 전화를 걸어 오늘의 멋진 일을 알리고 아이가 더욱 큰 사랑과 지지를 느낄 수 있도록 해주세요. 아이의 자존감과 자신감이 한층 더 올라갈 겁니다.

칭찬의 장점은 아이를 행복하고 용기 있는 사람으로 키워준다는 거예요. 또 이타심을 키워주고 인간관계도 잘 이끌어가는 사람으로 만들어줍니다. 그리고 다양한 칭찬을 받은 아이는 자신에 대해 긍정적으로 생각할 뿐만 아니라 다른 사람도 칭찬할 줄 아는 사람으로 자랍니다. 친구의 강점을 발견하고 칭찬할 줄 아는 아이, 부모에게 사랑을 표현할 줄 아는 아이가 되어 긍정의 선순환을 경험하게 되죠.

"엄마는 노래를 잘해서 멋있어요." "아빠는 장난감 조립을 진짜 빨리 해요." 만약 자녀에게 이런 멋진 말을 듣고 싶다면, 오늘 아이의 일상을 들여다보고 꼭 칭찬 한마디를 해주길 바랍니다. 분명 양육자가 준 사랑의 몇 배로 되돌려줄 거예요.

부모의 긍정적인 태도가
행복한 천재를 만든다

#긍정적인 아이
#웃아는 꿈물

2019년 2월 13일자 중앙일보에 흥미로운 기사가 실렸습니다. 서울대학교 심리학과 최인철 교수가 '행복 천재들은 좋아하는 것이 많다'라는 제목으로 쓴 칼럼이었어요. 그 칼럼에는 서울대학교 행복연구센터에서 진행한 행복에 관한 실험이 소개됐습니다. 실험 중에는 참가자들이 좋아하는 것과 싫어하는 것을 1분 동안 자유롭게 적게 하는 과정도 있었다고 해요. 여기에 우리가 주목해야 할 부분이 있습니다. 행복감이 높은 참가자일수록 좋아하는 것을 더 많이 다양하게 적었을 뿐만 아니라, 자신이 무엇을 좋아하는지도 구체적으로 표현했다고 합니다.

이 실험 내용이 무엇을 뜻할까요? 어떤 사건이나 상황을 맞닥뜨렸을 때 긍정의 경험이 생길수록 그 대상을 좋아하게 되고 좋아하는 대상이 많을수록 인생을 행복하게 살 수 있다는 것입니다. 이를 통해 우리가 자녀에게 긍정적 경험을 만들어주는 것이 얼마나 중요한지를 알 수 있습니다.

자녀에게 긍정의 경험을 만들어주려면 양육자가 먼저 자녀를 긍정의 눈으로 바라봐야 합니다. 여러분은 아이를 어떻게 보고 있나요? 세상 누구보다 아끼고 사랑하지만 분명 미운 점, 부족한 점도 있을 거예요. 때론 밉기도 하고 말을 잘 듣지 않아서 속상할 때도 많을 겁니다. 그런데 사실 아이에게서 부족하다고 느낀 것이, 밉다고 느낀 것이 그 아이의 강점일 수 있어요.

아이가 잘못한 것을 혼내고 아무리 주의를 줘도 그 순간만 반성하는 듯하고 돌아서서는 금방 배시시 웃는다면 회복력이 강한 아이입니다. 고집이 세서 자기 뜻대로만 하려 든다면 주관이 뚜렷하고 의욕적인 아이입니다. 눈치를 보고 누가 한마디만 해도 울음을 터트린다면 섬세하고 감성적인 아이입니다. 이것저것 함부로 건드리고 어른들이 하는 일에 참견한다면 호기심이 많고 관계성이 좋으며 배우려는 의지가 강한 아이입니다. 놀이나 게임처럼 자기가 좋아하는 일을 할 때 아무리 불러도 오지 않는다면 집중력이 좋은 아이입니다.

그리고 무엇보다 아이는 아이입니다. 아무리 고집이 세고 말을 안 듣고 떼를 부려도 아이들은 얼마든지 필요한 것을 배워나가고 보완할 수 있어요. 그래서 우리는 약점의 뒷면인 강점을 발견하고 체벌 대신 사랑으로 부족한 부분을 채워줘야 합니다.

캐럴 드웩의 이론을 또 하나 만나볼까요? 그는 자신의 책《마인드셋》에서 사람의 사고방식을 성장형과 고정형으로 구분하고 있습니다. 성장형 사고방식은 말 그대로 자신은 얼마든지 발전할 수 있다고 믿는 것입니다. 배우려는 자세를 가지고 도전하며 실수와 실패도 기꺼이 받아들일 준비가 된 마음가짐이죠. 반면 고정형 사고방식은 능력과 지능이 타고나는 것이라고 믿는 마음가짐입니다. 그래서 실패나 실수를 했을 때 '나는 원래 능력이 모자라니까' 하고 체념하며 더 많은 도전을 꺼려요.

드웩 교수는 자신의 이론을 뒷받침하는 실험도 소개하고 있습니다. 아이들을 두 그룹으로 나누어 똑같은 문제를 풀게 한 다음 A그룹에게는 "참 똑똑하구나."와 같은 타고난 재능에 관한 칭찬을, B그룹에게는 "참 열심히 했구나."와 같은 노력에 관한 칭찬을 해줬습니다. 그리고 조금 더 어려운 문제를 한 번 더 풀게 했어요. 결과가 어떻게 나왔을까요? 재능을 칭찬받은 A그룹은 틀릴까 봐 문제를 풀기 싫어했어요. 반면 B그룹은 다시 도전하고 싶어 했습니다. 자신은 노력하면 무엇이든 할 수 있는 존재라고 믿었기 때문이죠.

여기서 A그룹은 자신을 부정하는 고정형 사고방식, B그룹은 자신을 긍정하는 성장형 사고방식을 가졌다고 할 수 있습니다. 이런 사고 방식은 타고나기도 하지만, 학습을 통해 얻게 되는 경우도 적지 않아요. 그렇다면 우리는, 또 우리의 아이들은 성장형 사고방식을 갖도록 노력하고 또 노력해야 하지 않을까요? 그런 사고방식을 가져야만 앞으로 만날 수많은 방해물들을 즐겁게 받아들이는 행복 천재가 되지 않을까요?

♥

아이는 부모의 긍정적인 마음을 느끼며 자란다

아이를 키우면서 성장형 사고방식을 갖도록 이끄는 것은 굉장히 중요합니다. 양육자 스스로도 자신이 노력하면 얼마든지 좋은 양육자가 될 수 있을 거라 믿어야 해요. 또 자신과 자녀를 긍정적으로 바라보고 강점을 찾으려고 시도해야 합니다. 그래야만 우리의 육아가 욱하고 화가 치밀어 오르는 '욱아'가 되지 않습니다.

'얘는 머리가 나쁜가 봐.'
'너무 말을 안 들어, 뭔 수를 써도 소용이 없네.'
'나는 어렸을 때 이러지 않았는데, 애 성격이 아빠 닮았어.'
'나는 육아가 체질에 안 맞는 거 같아. 애랑 있는 게 힘들기만 해.'

'나만 애 키우는 데 신경 쓰는 것 같아. 애 아빠는 관심도 없어.'

이런 생각이 정신을 지배하면 자신도 모르게 자녀에게 곱지 않은 말이 나가게 됩니다.

"공부도 못하고, 피아노도 못 치고 대체 잘하는 게 뭐니, 넌?"
"어른들 말하는데 끼어들지 말라고 했지. 엄마 말이 우스워?"
"너한테 드는 학원비가 얼만 줄 알아? 돈 무서운 걸 알아야지."

양육자에게 이런 말을 들으면 아이들은 자신이 한없이 바보처럼 느껴지고 사랑받지 못하는 존재라고 생각하게 됩니다. 그래서 '난 이 것밖에 못 해' '해봤자 어차피 혼날 테니까 안 할래' '엄마 아빠는 날 싫어해!' 하며 의기소침해지죠. 또 양육자는 자녀에게 심한 말을 해놓고는 뒤돌아서 후회하고 가슴 아파하기 마련입니다. 이러한 악순환을 끊기 위해서는 먼저 양육자가 자기 자신에 대해 긍정적인 마음을 가져야 합니다.

'우리 아이는 나와는 성격이 달라. 장점도 많고 배울 게 있어.'
'다른 집처럼 사교육을 많이 시킬 형편은 안돼. 그래도 사랑만은 최고로 줄 수 있어.'

'애한테 시달리느라 힘든 건 사실이야. 그래도 조금 지나면 이 시간이 그리워지겠지?'

'오늘 심한 말을 해서 미안했어. 그래, 미안하다고 사과하자. 난 아이한테 사과할 줄 아는 용기 있는 엄마야.'

양육자가 자신을 긍정적으로 바라보게 되면 자녀를 대하는 것도 달라집니다.

"동규보다 영어를 못해? 선생님은 엄청 늘었다고 칭찬하셨어. 천천히 배우면 돼."

"엄마가 혼내서 미안해. 다음에는 우리 화내지 말고 이야기하자, 약속."

"태권도 승단 시험에 떨어져서 속상해? 못해도 괜찮아. 끝까지 한 게 중요한 거야."

"네가 있어서 엄마와 아빠는 너무 좋아. 이렇게 멋진 딸이 사랑까지 해줘서 정말 기뻐."

아이들은 자기 자신이 어떤 결과를 내지 않아도 있는 그대로 받아들여졌을 때 자신감이 생겨요. 또 노력한 일을 인정받았을 때 하나씩 하나씩 자기 세상을 늘려갑니다. 다소 부족해 보이더라도, 굼벵이보다 더 느리더라도, 포기나 실패의 아이콘처럼 보이더라도 긍정의 언어를 주고받다 보면 아이와 양육자는 점점 성장형 사고방식을 갖추게 됩니다. 반면 부정적 피드백을 자주 받은 아이는 작은 실수에도 스스로를 비난하게 되고 쉽게 포기할 뿐만 아니라 다른 사람의 눈치를 보는 등 사회적 교류 또한 낮아지게 됩니다.

아이에게 긍정의 피드백을 주는 것은 대단한 일부터 시작하는 것이 아닙니다. 오늘 한 일 중에 가장 잘한 일을 찾아보는 것도 좋고, 잘한 일이 없더라도 아이가 사랑받고 있다는 것을 느끼게 해주는 것만으로도 충분합니다. 진심으로 나와 내 아이를 긍정적으로 바라보려는 시도가 무엇보다 중요합니다. 부디 양육자와 아이 모두 세상을 긍정적으로 바라보는, 좋아하는 것이 가득한 행복 천재가 되길 진심으로 바랍니다.

아이의 행동을 바꾸는
'하지 마'와 '안 돼' 사용법

#한계를 아는 아이
#의사소통의 걸림돌 12가지

"엄마, 나 저거 사줘!"

대형마트는 왜 식품코너로 가는 길목에 꼭 장난감 매대를 갖춰놨을까요? 주원이 엄마는 오늘도 어김없이 발목을 잡히고 말았습니다.

"안 돼."

엄마의 짧고 굵은 한마디. 하지만 주원이는 순순히 물러날 생각이 없습니다.

"싫어. 나 갖고 싶단 말이야. 이거 사줘!"

다시 한번 안 된다고 말하지만 주원이는 쉽게 포기할 기미를 보이지 않네요. 손으로 계속 장난감을 가리키며 사달라고 조르더니 결국 소리를 지르며 떼를 씁니다. 결국 참다못한 엄마는 짜증을 가득 담아 화를 내지요.

"안 돼! 너 이리 안 와?" (명령)

"빨리 안 오면 엄마 그냥 가버린다!" (협박)

"다른 애들은 가만히 있는데 너만 왜 그러니?" (비교)

"너 유치원에서 이러면 안 된다고 선생님이 말씀하셨어, 안 하셨어?" (설교)

"여기서 엄마 말 안 듣고 소리 지르면 어떻게 되겠니?" (논리)

"넌 떼쓰는 것 말고는 제대로 하는 게 뭐니?" (비난)

이런 엄마의 말 중 하나가 아이에게 통할 수도 있습니다. 하지만 하나하나 살펴볼까요? 모두 짜증과 비난이 섞인 말입니다. 이런 말들을 주고받다 보면 아이와 양육자 둘 다 감정이 상하기 쉬워요. 가장 좋은 것은 낮은 목소리로 단호하게 "안 돼, 오늘은 먹을 거 사러 왔어. 자꾸 이러면 엄마랑 나가야 해."라고 말하는 것입니다. 만약 그래도 아이가 떼를 쓴다면 비록 장을 보려는 목적을 이루지 못했더라도 그대로 귀가해야 합니다. 그런 경험이 있어야 아이도 행동을 바로잡을 수 있어요.

자녀에게 '해도 되는 것'과 '하면 안 되는 것'을 알려주는 것은 굉장히 중요합니다. 가끔 자녀의 자존감을 상하지 않게 하려고 '안 돼' '하지 마' 같은 표현을 자제하는 양육자들이 있습니다. 그러면 안 됩니다. 아이에게 따끔하게 해야 할 순간에는 반드시 한마디 해야 해요. 안 된다는 말이 꼭 부정을 뜻하는 나쁜 말은 아니거든요. 자녀의 안전을 위해, 옳고 그름을 아는 아이로 키우기 위해 필요할 때는 사용해야 합니다.

아이에게 친절한 모습만 보이려고 한다면 꼭 필요한 교육을 할 수 없습니다. 또 아이의 기분이 상하지 않게 좋은 말로 얘기하려 하면 어쩔 수 없이 돌려 말하게 됩니다. 물론 돌려 말해도 아이에게 통한다면 참 좋겠지만 그렇게 해도 안 통했을 때는 결국 감정 섞인 윽박지름이 나오게 되잖아요. 그럼 행동 교정을 할 수 없을뿐더러 자녀와 양육자의 사이가 멀어지게 되지요.

'뛰면 안 돼', '만지지 마', '거기 가면 위험해', '소리 지르지 마', '혼자 돌아다니지 마', '먹는 것 갖고 장난치면 안 돼', '장난치지 마', '친구를 함부로 껴안으면 안 돼'… 모두 필요한 말들입니다. 자녀의 훈육을 위해서 충분히 쓸 수 있는 말이에요. 다만, 이런 말을 사용할 때는 양육자의 감정을 최대한 제거해야 합니다. 감정이 섞이면 목소리 톤이 올라가고 얼굴은 구겨지며 삿대질이 나오거든요.

그럼 아이들은 잘못을 깨닫는 대신 '엄마가 화가 났어!' '아빠는 나를 싫어해!' 하고 생각하게 됩니다. 그러니 최대한 감정을 빼고 굵고 짧게 "안 돼." "하지 마."라고 말하고 아이가 이를 알아들을 때까지 반복해야 해요. 만약 식당이나 마트 같은 공공장소에서 떼를 부린다면 단호하게 주의를 주세요. 만약 그 자리에서 고쳐지지 않는다면 그 장소에서 벗어나야 합니다.

가끔 자녀와 기싸움을 벌이는 경우도 있습니다. 몇 번이나 단호하게 가르쳤고, 아이도 다신 그러지 않기로 약속했는데 또 사람 많은 곳에서 떼를 부리고 양육자의 인내심을 시험할 때가 있죠. 아이들은 대부분 양육자의 한계 안에서 자랍니다. 그리고 그 한계를 본능적으로 넓히려 합니다. 어떤 행동이 옳은지 그른지 아직 판단하기 어려운 아이들은 반항과 실험을 통해 자신의 영역을 키우려고 해요.

이때 필요한 것이 원칙입니다. 잘못된 행동을 바로잡으려면 인내심을 갖고 한계(안 되는 것)를 알려줘야 합니다. 만약 아이가 계속 양육자를 상대로 자신의 한계를 넓히는 실험을 하면 웬만한 부모들은 시쳇말로 뚜껑이 열리게 됩니다. 그러면 그날은 무슨 수를 써서라도 아이의 버릇을 고쳐주려 들게 되죠.

누구나 끝을 보려고 들면 감정이 올라오게 마련입니다. 심한 말을 하게 되고, 거친 손길로 아이를 제지하고, 아무리 울어도 달래주지 않으려고 해요. 그런 식으로 아이를 대하면 그동안 애써 쌓은 신뢰에 금이 가고 행동도 바로잡을 수 없습니다. 결국 아이는 부모 몰래 자신이 하고 싶은 것을 하면서 자신의 한계를 넓히려 하거든요. 그래서 원칙을 가지고 '안 돼'와 '하지 마'를 짧게, 단호하게, 반복해서 사용해야 합니다.

하지만 양육자도 사람인데 어떻게 매번 상냥하게, 감정을 빼고, 단호하게 아이를 대할 수 있겠어요. 당연히 화가 날 수 있고, 어쩌다 심한 말도 할 수 있습니다. 그럴 때는 상황이 종료된 후 아이에게 진지하게 이야기를 해줘야 합니다.

"아까 엄마가 뛰지 말라고 말했지? 거긴 사람도 많고 물건도 많은 곳이라서 뛰면 위험해서 그랬어. 혜지가 뛰면 사람들이 뜨거운 음료수를 들고 다니다가 부딪혀서 떨어뜨릴 수도 있거든. 그럼 데잖아. 그래서 엄마가 너무 놀라서 뛰지 말라고 한 거야. 이제 엄마도 예쁘게 말할게. 소리친 건 미안해. 혜지도 사람 많은 곳에서는 뛰지 말자. 할 수 있지?"

아이가 알아듣건 못 알아듣건 설명해주는 것은 중요합니다. 만약 순간적으로 화가 나서 윽박질렀다면 대화로, 설명으로 그 순간의 감정을 풀어야 해요. 그럼 자녀는 존중 속에서 자신의 행동을 돌아보고 한계를 가늠하게 되거든요. 가장 중요한 것은 이렇게 대화로 마무리 해야 자녀의 마음에 응어리가 생기지 않습니다.

♥

부모가 아이에게 하기 쉬운 말실수들

미국의 심리학자 토머스 고든Thomas Gordon은 부모 자식 간의 소통을 가로막는 의사소통의 걸림돌을 12가지로 분류했어요. 바로 명령, 협박, 설교, 충고, 논리, 비난, 칭찬, 조롱, 분석, 위로, 심문, 화제 바꾸기입니다. 이 중 5개를 사용해, 그리고 '비교'를 더 추가해 앞서 만난 주원이네 이야기를 다시 살펴보겠습니다.

1. "안 돼! 너 이리 안 와?" (명령)

자, 이런 명령들은 아이에게 어떻게 입력될까요? 명령과 강요는 저항감과 공포를 일으킵니다. 명령을 자주 들은 아이는 기질에 따라 겁이 나서 눈치를 보기도 하고 말대꾸를 하기도 합니다. 그리고 하지 말라는 것을 몰래몰래 하게 됩니다.

2. "빨리 안 오면 엄마 그냥 가버린다!" (협박)

위협을 주면 누구나 겁이 납니다. 앞에서는 말을 잘 듣는 것 같지만 마음 한편에는 원망과 분노가 쌓여요.

3. "다른 애들은 가만히 있는데 너만 왜 그러니?" (비교)

비교가 가장 하기 쉬운 실수죠. 비교당하는 기분은 상당히 좋지 않아요. 아이들은 양육자에게 비교를 당하게 되면 '엄마는 다른 아이를 더 좋아하나?' '나는 잘하는 게 없어!' 같은 생각이 들면서 자신을 싫어하게 되고 주눅이 듭니다.

4. "너 유치원에서 이러면 안 된다고 선생님이 말씀하셨어, 안 하셨어?" (설교)

'이렇게 해야 한다' '이것은 너의 책임이다' 하는 식의 설교와 훈계는 꼭 해야 한다는 의무감을 느끼게 합니다. 만약 아이가 그 일을 해내지 못했을 경우 죄의식을 불러일으킵니다. 그러면 아이가 자신의 입장을 변명하거나 고집을 부릴 수 있어요.

5. "여기서 엄마 말 안 듣고 소리 지르면 어떻게 되겠니?" (논리)

옳은 말이지만 논리적인 잔소리를 들으면 방어하고 반박하고 싶은 충동이 일어납니다. 또한 그냥 '잔소리'로 여기며 귀를 막고 싶어져요. 그리고 억지로 양육자가 원하는 행동을 하게 됐을 때 열등감을 느끼게 됩니다.

6. "넌 떼쓰는 것 말고는 제대로 하는 게 뭐니?" (비난)

비난받는 아이는 자신을 무능력하고 형편없는 사람이라고 느끼게 됩니다. '나는 바보야' '나는 못 해' 하고 생각하기도 하지요. 자기 가치를 스스로 인정하지 못하면 모든 일에 자신감을 갖기 어렵습니다.

우리는 왜 아이를 훈육하면서 옳은 것과 그른 것을 알려줄까요? 세상에서 다양한 사람들과 어울려 살아갈 수 있도록, 자기 자신을 조절하도록, 위험에서 피하는 법을 알도록 가르치는 것이 훈육의 목적입니다. 아이의 기를 꺾으려고, 양육자의 말을 잘 듣게 하려고 그토록 어렵고 힘든 훈육을 하는 것은 아니지요. 그래서 비난과 설교, 비교는 꼭 피하셨으면 합니다.

— 건강한 자존감을 살려주면서 필요한 것들도 알려주려면 '안 돼'와 '하지 마'를 제대로 사용하기 위한 3가지 큰 원칙을 기억하세요.

1. **직접적으로 행동 수정을 할 수 있도록 말한다.** (뛰지 마, 가지 마, 이러면 안 돼 등.)
2. **짜증 등의 감정은 최대한 빼고 낮은 목소리로 단호하게 말한다.**
3. **반복한다.**

이런 방법을 꾸준히 사용했는데도 행동 수정이 잘 되지 않는다면 다음과 같은 3가지를 되새기며 아이의 속마음과 양육자의 방식을 점검해봐야 합니다.

1. 내가 아이라면 기분이 어떨까?

2. 아이가 지금 할 수 있는 것은 무엇일까?

3. 아이에게 요구사항을 말하는 법을 제대로 가르친 적이 있는가?

때로 아이들은 관심을 끌기 위해, 부모의 사랑을 실험하기 위해 일부러 고집을 부리기도 합니다. 만약 아이를 향한 훈육이 너무 어렵고 모든 방법이 소용없다면, 원점으로 돌아가야 합니다. 내가 할 수 있는 일과 아이가 원하는 것, 아이에게 필요한 것들을 생각해보는 시간을 갖는 것이죠. 그리고 대화로, 사랑으로, 관심으로 아이의 마음을 읽고 필요한 부분을 채워주세요.

'안 돼'와 '하지 마'는 아이의 자존감을 꺾는 말이 아닙니다. 아이의 자존감을 위해서라도 꼭 필요한 말입니다. 어른들도 해도 되는 일과 하면 안 되는 일이 있기 마련이잖아요. 둘의 차이를 잘 받아들이는 아이가 진짜 어른으로 자랄 수 있습니다. '안 돼'와 '하지 마'를 아이가 자주 들으면 기가 죽고 자기 사랑이 축소된다고 생각하는 양육자가 많습니다. 그것은 오해입니다. 자신이 해도 되는 것과 하면 안 되는 것을 알고 기꺼이 자신을 조절할 줄 아는 사람이 진정 '나를 사랑하고 존중하는' 사람이에요. 자신을 존중하는 사람은 나와 다른 사람에게 해롭거나 위험한 일은 아무리 흥미로워 보여도 기꺼이 피합니다. 그리고 자신이 해야 하는 일에 인내와 고통이 따르더라도 잘 견뎌냅니다.

우리 아이들은 지금 자신이 해야 할 일과 하지 말아야 할 일을 배우며 자신을 조절하는 법을 익히고 있습니다. 다만 아이들도 자기 주장을 할 수 있고 호기심이 강하기 때문에 훈육에 긴 시간이 걸리고 과정도 험난할 뿐입니다. 지루하고 굴곡 많은 마라톤 경기를 치르는 것처럼요.

아이와 양육자 모두 지치고 힘이 들 땐 서로 손을 꼭 붙잡고 대화라는 휴식터에서 잠시 쉬면서 서로를 격려하길 바랍니다. 그리고 하지 말아야 할 일을 잘 지키면서 자신도 지키는 자존감 높은 아이, 도덕을 알고 사회성 높은 아이가 될 수 있도록 '안 돼'라는 마라톤 경기에서 완주하길 바랍니다.

성공과 실패의 경험이
회복탄력성을 키운다

#노력하는 아이
#회복탄력성 키우기

제 딸이 어렸을 때 몸이 약해 감기에 자주 걸렸어요. 겨우 약으로 잠재
웠다 싶으면 한 주 걸러 또 감기에 걸렸죠. 릴레이로 감기를 달고 사는
바람에 약 먹이고 간호하느라 지긋지긋하기도 했습니다. 약이 너무
쓰다 보니 그냥 놔두면 뱉어버리기 일쑤여서 목으로 넘길 때까지 기다
리느라 아이나 저나 실랑이가 이만저만 아니었어요.

　어느 날, 계속 이런 식이면 곤란하겠다 싶어 운동을 시키기로 결심
했습니다. 한겨울임에도 불구하고 아침 7시에 딸과 아들을 꽁꽁 싸
매고 밖으로 나갔어요. 그리고 네 살 많은 오빠를 뒤에 세워두고 달
리기 시합을 했지요. '출발!' 하고 소리치고는 오빠를 이겨보라고 했는

데, 딸이 얼마나 열심히 뛰었는지 얼굴에 땀이 금방 맺혔어요. 그러고 나면 목도리를 벗기고 마스크도 벗기고 실컷 뛰게 놔두었습니다. 어떤 날은 오빠를 이기기도 하고 또 어떤 날은 지기도 했어요. 그렇게 찬바람에도 아이들을 밖에서 뛰놀게 하다 보니 어느 날부턴가 병원도 약도 감기도 상관없는 건강한 아이가 되어 있더라고요. 자신감까지 덤으로 얻었습니다.

사실 딸은 자기보다 공부도 잘하고 운동도 잘하는 오빠를 무척 이겨보고 싶어 했어요. 또 아빠를 닮아 운동 신경이 별로였는데 내심 친구들처럼 달리기도 잘하고 싶고 철봉에도 오래도록 매달리고 싶었나 봐요. 그러던 중에 시작한 아침 달리기가 딸에게는 소중한 성공의 경험이자 몸과 마음의 힘을 기르는 경험이 되었던 것이죠. 물론 의도는 전혀 그런 게 아니었지만요.

♥

성공의 경험이 주는 도전의 용기

아이가 성공을 경험하는 것은 굉장히 중요합니다. 아이들은 작은 성공을 통해서 할 수 있고 또 해보고 싶다는 마음, 즉 자존감과 자신감을 얻게 되거든요. '성취 동기'라는 이론을 소개한 미국의 심리학자 데이비드 맥클랜드David C. McClelland는 어려운 일을 해내고, 타인이나 주변 환경을 관리하고, 혼자서 해내는 행동을 통해 자긍심이 높아진다고 강조합니다.

또 성취 동기가 높은 아이는 어떤 일을 해낼 때 노력하면 될 것이라 믿으며 일하는 과정에서 즐거움을 기대한다고 합니다. 만약 잘 되지 않더라도 결과에 연연하지 않으면서 그 일을 해봤다는 사실 자체에서 만족을 얻는다고도 해요. 이런 성취 동기는 학습 분야에서도 활용할 수 있습니다. 학습의 성취 동기를 높이려면 아이들 스스로 행동이나 노력을 통해 자신이나 환경을 바꿀 수 있다는 사실을 직접 확인해야 합니다. 또한 이런 변화를 경험했을 때 양육자와 선생님 등 주변의 격려와 인정도 함께 따라와야 효과가 커집니다.

즉, 즐기면서 일하고, 즐기면서 운동하고, 즐기면서 공부하는 사람이 성취 동기가 높은 사람입니다. 비록 노력한 만큼 결과가 나오지 않더라도 과정 속에서 의미를 찾으며 또 다른 도전을 주저하지 않는 사람이죠. 너무 멋지지 않나요?

간단히 정리해보죠. 아이가 성취 동기를 높이려면 작은 성공의 경험들이 필요합니다. 그리고 그로 인해 환경이 바뀌는 것을 체험해야 합니다. 주변의 긍정적인 반응까지 따라와야 하고요. 이렇게 설명하면 어려워 보이지만, 사실 생활 속에서 충분히 할 수 있는 일이에요. 다만 스스로 끝까지 할 수 있도록 기회를 주고, 결과에 대한 긍정적 피드백을 주고받아야 합니다.

아이가 젓가락질이 서툴러도 제대로 해보고 싶어 한다면 젓가락을 쓰도록 기회를 주세요. 신발 끈을 혼자 묶고 싶어 한다면 시간이 오래 걸려도 기다려주세요. 계란 프라이를 해보고 싶어 한다면 의자를 딛고 서서 소금을 뿌리도록 도와주세요. 가장 좋은 것은 몸으로 효과를 즉각 느낄 수 있는 운동입니다. 수영이나 태권도처럼 단계가 있는 운동은 아이들이 놀이처럼 즐기면서 노력의 의미도 알게 되는 좋은 활동입니다. 아이가 혼자 힘으로 젓가락을 쓰고, 신발 끈을 묶고, 발차기에 성공했다면 아낌없는 격려와 함께 인정과 칭찬의 메시지를 보내주세요.

사실 자녀를 격려하는 것은 쉬우면서도 어려운 일이에요. 아이가 하는 것보다 양육자가 대신 하는 것이 훨씬 빠르고 쉽기 때문에 "엄마가 해줄게." 하며 아이의 도전을 가로막는 일이 비일비재하죠. 그런데 그렇게 아이의 도전을 대신 해주다 보면 자신이 직접 노력할 기회를 잃게 됩니다. 이것이 습관이 되면 훗날 학습이나 관계에서도 소극적으로 대처할 확률이 높아지겠죠.

가끔 어떤 양육자들은 먹는 것이나 입는 것 같은 일상생활의 일들은 부족해도 좋으니 공부만 잘했으면 좋겠다는 말도 합니다. 그런데 '도전하고' '실패하고' '다시 도전하고' '성공하고' '뿌듯해하다'로 이어지는 과정을 알지 못하면 학습에서도 어려움을 겪습니다. 공부야말로 정말 수많은 도전과 좌절이 필요한 자신과의 싸움이니까요. 그래서 유아기 아이들의 생활 교육과 놀이 교육은 더욱 중요합니다. 이 과정을 자연스럽게 체험하고 거쳐가야 하거든요.

　물론 공부에도 성취 동기를 활용할 수 있습니다. 만약 아이가 한글 익히는 것을 어려워한다면 놀이를 통해 하나씩 이뤄나갈 수 있어요. 가나다라는 아는데 단어는 잘 모르거나 어휘가 부족한 아이들이 있지요. 이런 아이들은 동화책에서 모르는 단어 찾아보기, 길거리 간판 읽어보기, 전단지에서 아는 글자 오려보기, 말풍선 채워보기 같은 놀이를 이용해 단어를 익히면서 자신이 아는 단어가 생겼다는 뿌듯함까지 느끼게 할 수 있습니다. 이런 경험이 쌓이면 공부를 싫어하지 않고 재미있는 경험으로 받아들이게 될 거예요.

♥
실패하고 지는 경험이 알려주는 기다림의 가치

유치원에 있다 보면 자기 순서를 기다리지 못해 우는 아이들을 만나게 됩니다. 특히 점심을 먹고 나면 그런 일이 종종 벌어져요. 다 같이 점심을 먹고 양치를 하러 갔는데 친구가 세면대를 차지하고 있는 경우죠. 그러면 나중에 온 친구가 기다려야 하잖아요. 그것을 받아들이지 못하는 겁니다. 집에서 생활하던 방식이 몸에 배어 있기 때문이에요. 집에서는 밥도 제일 먼저 먹고, 양치도 먼저 하고, 뭐든지 일등으로 생활했으니까요. 그런데 갑자기 다른 친구들을 기다려야 한다고 하니 괜히 그 친구에게 진 것 같은 기분이 들고 분한 마음을 참지 못해서 그래요. 그뿐만 아닙니다. 친구랑 놀이를 하거나 단체로 게임을 할 때에도 친구가 먼저 하거나 자신이 지고 나면 부들부들 떨면서 눈물이 맺히기도 해요. 한 번도 진다는 것을 경험해보지 못해서 그렇습니다.

요즘은 대부분 가정에서 외동아이를 키우고, 아이가 많아도 둘을 넘지 않아요. 모두가 금지옥엽으로 아이를 키웁니다. 무엇이든 아이 위주이고 누구보다 먼저라는 인식을 심어주기 쉽죠. 너무 예쁘고 귀한 아이, 또 아직 어리고 약한 아이이기 때문에 배려해주는 것은 당연합니다. 하지만 아이를 정말 배려한다면 아이도 양보하고, 실패하며, 거절도 당해봐야 하고, 부족함도 느껴야 해요.

어떤 양육자는 아이의 자존감을 위해 이런 경험을 줄이고 편안한 환경만을 조성해주려 합니다. 그것은 자존감에 대한 오해에서 비롯된 선택입니다. 자신이 소중하고 무엇이든 할 수 있는 존재라고 믿는 것이 중요하다 해도 장애 없이는 건강한 자존감을 갖기 어렵습니다.

'성공'은 '실패'가 있어야 가능한 것과 같은 맥락입니다. 아이가 걸음마를 성공했을 때를 생각해보세요. 수백 번의 엉덩방아를 찧은 후에야 비로소 중심 잡는 법을 알게 됐잖아요. 양육자는 절대 아기의 걸음마를 대신 해줄 수 없습니다. 앞에서 응원해주고 아이가 엉덩방아를 찧고 아파하며 울면 달래주는 것이 최선입니다. 지금 아이가 세상에 태어나 첫 걸음마를 떼고 있다면 당연히 엉덩방아를 찧어야 합니다. 그래야만 혼자서 씩씩하게 걸어갈 수 있어요.

아이들은 가만히 나둬도 수많은 실패를 경험합니다. 옷걸이에 옷을 거는 것에 실패하고, 블록으로 집을 만드는 것에 실패하고, 피아노 연주에 실패하고, 덧셈에 실패하고, 새 친구를 사귀는 데 실패하지요. 그러면서 소근육을 강화하고, 블록 크기를 배우며, 연주하는 법을 익히고, 숫자 개념을 알게 되며, 인간관계를 가늠하게 됩니다. 만약 양육자가 이런 모든 과정을 대신 해준다면, 그리고 아이가 못한 것에 대해 비난을 한다면 아이들은 건강한 실패를 통해 배울 수 있는 많은 것들을 배울 수 없게 돼요.

가끔 유복한 가정환경, 뛰어난 머리와 의지력까지 갖춘 사람들의 이야기를 듣게 됩니다. 어릴 때부터 공부도 잘하고 집안 형편도 넉넉해 좋은 대학에 들어가고 좋은 직장에 취직한 엄친아, 엄친딸들이 주변에 많죠. 그런데 누구나 세상을 살아가면서 모든 것을 영원히 가질 수는 없는 법입니다. 그런 엄친아, 엄친딸들도 분명 실패와 고난을 겪게 됩니다. 하지만 이렇게 평소 실패 없이 쭉쭉 앞으로만 나아갔던 분들은 작은 역경에도 큰 충격을 받아 넘어지곤 합니다. 무엇이든 다 해낼 것 같은 사람들이지만 실패와 고난에 익숙하지 않기 때문이에요. 보통 사람이라면 '그럴 수도 있지, 또 하면 되지!' 하며 이겨나갈 것 같은데 처음 겪는 역경이라 회복탄력성이 적어서 그렇습니다.

회복탄력성resilience이란 어떤 물질이 외부 충격으로 모양이 변했어도 다시 원래 형태로 되돌아오는 것을 말하는 물리학 용어입니다. 흔히 보는 용수철이나 탱탱볼을 생각하면 이해하기 쉬워요. 용수철이나 탱탱볼은 꾹 눌러도 손만 떼면 이내 본모습으로 돌아오잖아요. 회복탄력성이 강하면 고난이나 역경이 닥쳐도 다시 일어날 수 있습니다. 힘든 일이 지금 나를 꾹 누르고 있지만 극복할 수 있다고 믿기에 힘을 내거든요. 하지만 회복탄력성이 약하면 작은 고난에도 큰 충격을 받아 일어날 방법조차 생각하지 못하게 됩니다.

사랑하는 우리 아이가 회복탄력성을 갖추려면 시행착오와 실패를 꼭 경험해야 합니다. 그래야만 스스로 벗어날 방법, 앞으로 나아갈 방법을 탐색할 수 있습니다. 어른들이 보기에 아이가 서투르고 틀린 것 같아도 반드시 자신의 힘으로 경험하게 지켜봐주세요. 그런 경험을 통해서 아이들은 '아, 실패해도 또 하면 되는구나' '이 정도는 충분히 극복할 수 있어!' 하는 자신감을 배우게 됩니다. 아이들이 겪는 실패와 좌절 중에는 반드시 양육자의 도움으로 해결해야 하는 것들도 있지만 혼자 맞서야 하는 것도 있습니다. 아이 몫이라 판단되는 일이라면 양육자가 대신 해주지 말고 응원과 충고, 격려를 보내며 한 걸음 물러나주세요.

유치원에 간 아이와 양육자가 힘들어하는 것 중 하나가 바로 '지는 것'과 '거절'입니다. 우리 아이가 다른 아이보다 칭찬을 덜 받거나, 게임에서 지거나, 친구 무리에 못 끼거나, 혼자 하고 싶은데 자꾸 친구가 끼어들거나 하면 아이와 양육자 모두 힘들어합니다. 하지만 이제부터는 달리 생각해야 합니다. 유치원은 학교에 가기 전에 단체생활을 배우는 일종의 인턴십 과정입니다.

아이들에게는 이기는 경험만큼이나 지는 경험도 중요합니다. 거절 당하는 것도 겪어봐야 하고요. 이런 경험을 통해 다른 사람의 마음을 헤아리게 되고 친구의 의견도 받아들이면서 사회생활에 적응하게 되거든요.

"친구가 놀기 싫다고 했어? 괜찮아, 가끔 놀기 싫을 때도 있어."
"게임에서 졌어? 게임은 재미있었어? 다음에 이기면 되지 뭐. 어떤 게임이었어?"

아이가 다른 아이와 게임을 하다 졌을 때 양육자가 할 일은 아이의 마음을 공감해주고 격려해주는 것뿐입니다. 아이는 이길 수도 있고 질 수도 있어요. 만약 지더라도 잘 졌다면, 잘 실패했다면 비로소 아이의 마음은 단단해집니다.

많은 양육자가 아이의 자존감을 위해 일부러 져주곤 합니다. 팔씨름을 해도 져주고, 달리기를 해도 져주지요. 어른들을 이기고 나서 무척 기뻐하는 아이의 모습을 보는 게 즐거워서 그럴 겁니다. 하지만 때로 엄마와의 팔씨름에서 져서 펑펑 우는 경험도 필요해요. 아이가 어떠한 상황에서나 이긴 경험만 있다면 단체생활을 할 때 '내가 어떻게

질 수 있지?' 하면서 역효과가 날 뿐입니다. 특히 아이의 기질이 의지적이라면 일부러 져주는 것은 더욱 피해야 합니다.

모든 양육자가 아이를 사랑하는 만큼 되도록 힘든 것과 해가 되는 것들은 아이의 앞길에서 없애주고 싶을 겁니다. 그게 부모 마음이겠죠. 그런데 아이가 맞닥뜨린 장애를 자꾸 치워주면 약한 아이로 자라게 마련입니다. 성공의 경험만큼이나 실패의 경험도, 실수할 경험도 중요해요. 아이에게 좋은 것을 주고 싶다면 비록 실패하더라도 스스로 도전하고 성취해나가는 기쁨을 누릴 수 있게 해주면 좋겠습니다.

때로 성취의 과정이 느린 아이들도 있어요. 답답하고 안타깝더라도 서두르지 말고 조금 기다려주길 바랍니다. 아이들은 저마다의 속도로 성장합니다. 해바라기같이 쑥쑥 자라는 아이도 있고, 채송화처럼 나지막이 자라는 아이도 있습니다. 하지만 언젠가는 반드시 자신만의 모양과 향기를 뿜으며 꽃을 피웁니다. 아이에게 필요한 바람과 비를 막지 말고 조용히 옆에서 의지할 수 있는 지지대가 되주길 바랍니다.

2장

생활의 태그

식탁에서 벌어지는
아이와의 밀당에서 이기는 법

#밥 잘 먹는 아이
#아이가 밥을 안 먹는 이유

"자, 아침 먹자. 얼른 먹고 유치원 버스 타야지?"

바쁜 아침, 정성을 다해 음식을 준비하고 아이를 식탁에 앉힙니다.
일부러 계란말이까지 앞에 놔주고 얼른 우유도 한 컵 따라주었어요.
그런데 아이는 입맛이 없는지 숟가락질이 시원치가 않습니다.

"입맛이 없어? 왜 안 먹어?"
"먹고 있어요."

엄마의 속은 타들어가기 시작하는데 아이는 밥을 입에 '물고만' 있습니다. 아침부터 큰소리치기 싫어서 애써 기다려주지만 아이의 밥 먹는 속도가 영 달라지질 않습니다. 연신 시계를 들여다보며 안절부절못하던 엄마는 결국 아이에게 그만 먹고 일어나라고 말하면서 아이를 얼른 욕실로 들여보냅니다. 하지만 이미 시간은 늦었어요.

'이를 어떡해….'

아이 옷도 대충 입히고 머리도 엘리베이터에서 허겁지겁 빗긴 다음 유치원 버스를 향해 100미터 달리기를 해 겨우 등원을 시킵니다. 이제 겨우 아침 일과를 보냈을 뿐인데 벌써 하루치 힘이 다 빠진 것 같네요.

"한 입만 먹으면 만화영화 보게 해줄게."

저녁 식탁은 오늘도 전쟁입니다. 아침은 대충, 점심은 애나 어른이나 밖에서 해결하고 오니, 저녁 한 끼만이라도 제대로 먹이려고 하는데 아이는 저녁 식탁에서도 협조를 해주지 않죠. 아빠는 말없이 텔레비전을 보며 자기 밥만 먹고요. 이제 엄마는 참았던 화가 올라옵니다. 결국 "너 먹지 마!" 하면서 소리를 지르고 말았어요. 결국 하루 중 잠시만이라도 행복해야 할 저녁 식탁이 엉망이 되고 맙니다. 어느새 밥 먹는 것이 벼슬인 양 아이들은 밥 한 숟가락을 가지고 엄마와 힘겨루기를 하고 있어요.

"얘야, 한두 끼 굶긴다고 큰일 나는 거 아니다. 단호하게 해라."

어떻게든 잘 먹이고 싶은 엄마에게 어른들은 무서운 말씀을 하십니다. 하지만 부모 마음은 그렇지 않죠. 또 저같이 키가 아담한 사이즈인 엄마들은 아이들 키에도 무척 관심이 많아요. 혹시나 키가 크지 않을까 봐, 또 잘 먹어야 면역력이 좋아져서 안 아프니까 골고루 잘 먹이려고 애를 씁니다. 하지만 급할 거 하나도 없는 아이는 그런 엄마 마음을 일절 몰라줍니다.

대체 왜 아이들은 이렇게 음식으로 엄마를 힘들게 할까요? 아이들은 사실 어른보다 훨씬 민감한 미각을 가지고 있습니다. 혀에 있는 '미뢰'라는 것 때문이에요. 혓바닥에 솟아 있는 꽃봉오리 모양의 돌기인 '미뢰'는 짠맛, 단맛, 신맛, 쓴맛 등의 음식 맛을 뇌로 전달해줍니다. 특히 신생아는 성인보다 3배 정도 많은 미뢰를 갖고 태어납니다. 여덟 살 전후로 점점 그 수가 줄어들고요.

미뢰는 '쓴맛'에 가장 민감하게 반응합니다. 원시시대에 인간은 쓴 풀을 먹고 독 때문에 사망하는 일이 잦았습니다. 그런 일을 방지하기 위해 본능적으로 쓴맛을 거부하도록 진화한 것이죠. 아이들이 채소를 싫어하는 경우도 미뢰가 많아서 쓴맛을 거부하는 반응이라 할 수 있어요. 하지만 자라면서 차차 쓴맛에 무뎌지고 받아들이게 됩니다. 사실 어른들 중에도 어렸을 때는 호박이나 시금치를 싫어했지만 성인이 돼서 잘 먹게 되는 경우가 많잖아요. 그것도 미뢰의 개수와 밀접한 연관이 있어요.

인류의 진화적 과정이야 어찌 됐든 지금은 독풀을 잘못 먹을 일도 없죠. 안전한 채소를, 그것도 건강에 좋은 채소를 좀 먹여보려고 하는데 아이가 협조를 하지 않으면 어떻게 해야 할까요. 전문가들은 채소를 잘게 썰어서 다른 음식과 섞어 먹이든가 다양한 조리법을 활용해 편식하지 않도록 유도하라고 조언합니다. 어릴 때 식습관이 평생의 입맛을 좌우하고 건강의 기초를 만드니까요. 아이가 정말 음식을 가리고 잘 먹지 않는다면 그냥 아무 반찬이라도 해서 밥을 비웠으면 하는 것이 부모 심정이지요.

성장기 아이가 잘 먹을 수 있게 도와주는 것은 부모의 의무이자 기쁨이에요. 조금만 생각을 바꿔보면, 조금만 식탁의 구성과 분위기를 바꿔보면 아이와 양육자가 모두 즐거운 식사를 할 수 있습니다. 가장 중요한 것은 한 숟가락을 먹더라도 '마음'이 편안해야 한다는 겁니다. 그래야 영양분이 아이에게 잘 전달되고, 힘으로 발휘될 테니까요. 양보다 질에 집중된 식사법을 한번 알아볼까요?

✦

간식은 간식답게, 주식은 주식답게 줍시다

잘 먹지 않는다고 이것저것 간식을 준 다음 밥을 잘 안 먹는다고 걱정
하는 양육자가 많아요. 그러면 아이는 배가 불러서 입맛이 없어지고
맙니다. 젤리나 초콜릿 같은 단 음식을 먹었다면 입맛이 없는 게 당연
해요. 아이의 조그만 배를 생각해 간식은 간식답게, 주식은 주식답게
양을 조절해서 주세요. 만약 아이가 떼를 쓰고 난리를 쳐도 단 군것질
은 가급적 피해주세요.

✦

식사 시간을 정하고 시간에 맞춰 식사합니다

"오늘 저녁은 7시에 먹자. 저기 시계의 작은 바늘이 7에 오면 맛있
게 먹는 거야."

식사 시간을 정하면 두 가지 효과가 있어요. 우선은 '약속' 훈련을
할 수 있습니다. 또 밥은 때를 맞춰 먹는 거라는 인식을 심어줄 수 있
습니다.

식사 시간은 가정마다 사정이 다를 거예요. 각자 적당한 시간을 정

하세요. 가능하다면 아이와도 상의해서 정하세요. 만약 아이가 약속한 시간에 식탁에 앉지 않았다면 양육자만 식사를 하세요. 만약 식사 중에 아이가 밥을 달라고 하면 단호한 어투로 다음 식사 시간까지 기다리라고 말하거나 아주 간단한 간식을 주고서 조금 있으면 저녁을 먹을 테니 저녁에 배부르게 먹자고 말해주세요.

　반드시 기억하세요. 양육자부터 식사 시간을 잘 지켜야 합니다. 만약 외출이나 여행 등으로 식사 시간이 변경된다면 미리 아이와 상의해서 식사 시간을 정하는 게 좋습니다.

✦
따라다니면서 밥을 먹이지 않습니다

아이가 배고플까 봐 안쓰러운 나머지 동네 놀이터까지 밥그릇을 들고 쫓아다니는 어머니, 정말 옳지 않아요. 밥은 식탁에 앉아서 먹는 것임을 아이에게 가르쳐줘야 합니다. 아무 곳 어느 때라도 밥을 먹을 수 있다는 걸 아이가 알게 되면 점점 더 먹는 것을 두고 엄마와 힘겨루기를 하게 돼요. 배가 고파야 스스로 식탁에 앉으니, 따라다니면서 먹이지 말아주세요.

✦

다양한 요리법을 시도해봅니다

"어머, 우리 애가 이렇게 채소를 잘 먹어요?"

유치원 행사에 방문했던 어머니가 채소 초밥을 먹는 아이를 보고 깜짝 놀라셨어요. 사실 모양만 초밥 틀에 넣어서 만들었을 뿐, 특별할 것 없는 채소 주먹밥이었어요. 하지만 똑같은 음식이라도 모양이나 색을 다르게 만들면 아이들은 신기해하며 선뜻 먹으려고 듭니다.

아이가 밥에 치즈 한 장 올리고 김으로 싸서 먹는 것을 좋아해도 매일 반복되면 아이도 물립니다. 거창하지 않아도 색다른 조리법을 사용해 아이들이 싫어하는 음식도 먹을 수 있도록 시도해보세요.

✦

활동량을 늘려서 밥맛이 돌게 해주세요

잘 뛰어노는 아이들이 밥도 잘 먹습니다. 아이가 제대로 에너지를 발산하도록 노는 시간을 충분히 확보해주세요. 한겨울에도 땀을 뻘뻘 흘릴 정도로 미끄럼틀을 타고 나면 배가 고파서 계란 프라이 하나에도 밥 한 그릇을 뚝딱 비울 거예요.

✦

입 짧은 아이는 억지로 먹이려고 하지 마세요

아이의 미각은 어른보다 훨씬 민감해서 처음 접하거나 맛없어 보이는 음식은 일단 거부하는 경향이 있어요. 또 음식에 관심이 없는 아이로 타고나기도 하고, 맛있는 것만 찾아내는 미식가로 타고나기도 해요. 그 이유가 무엇이든 먹기 싫은 음식을 억지로 먹이려고 하면 반감이 생기기도 하니 너무 강요하지 말고 천천히 시도해주세요.

저도 어렸을 때 비위가 약해 음식에서 이상한 향이 나기라도 하면 잘 못 먹었어요. "너 그럴 거면 밥 먹지 마!"라는 말이 무척 반가웠죠. 그만큼 입이 짧은 아이였어요. 밥 먹을 때마다 "이거 먹어야 키가 큰다."라는 소리도 지겹도록 들었습니다. 그게 너무나 스트레스가 되었는지 밥 먹는 시간이 참 싫었어요. 그렇게 억지로 먹은 음식은 소화도 안 되어 불편했습니다.

요즘은 음식량이 다소 적어도 영양적으로 부족하지는 않은 시대입니다. 음식을 먹는 의무감보다는 즐거움을 찾을 수 있도록 도와주세요. 입이 짧은 아이는 먹는 즐거움을 찾아야 하는 아이잖아요. 아이가 먹는 즐거움을 찾을 수 있도록 싫어하는 음식은 너무 강요하지 말고 그냥 옆에 함께 차려놔주세요. 언젠가 아이 스스로 궁금해져서 먹어볼 수 있도록 말이죠.

어린이집이나 유치원을 활용해보세요

"선생님, 우리 애는 알레르기는 없지만 흰 우유를 못 마셔요. 먹이지 말아주세요."

"우리 애는 매운 것을 못 먹어요. 김치 먹이지 말아주세요."

"우리 애는 채소를 못 먹어요. 일곱 살인데도 채소가 독이나 되는 줄 아는지 나물 반찬을 조금이라도 먹으면 토하고 난리가 나요. 병원에서는 아무 이상이 없대요. 괜히 먹는 걸로 스트레스 주기 싫어요. 주지 마세요."

어머니들이 아이를 유치원에 맡길 때 이런 주의사항을 말씀하세요. 그런데 그런 아이들도 막상 친구들하고 어울려 먹으면 얼마나 잘 먹는지 몰라요. 친구들과 함께 먹으면 맛있기 때문일 거예요. 평소 삼키기 힘든 채소도 친구들과 함께라면 즐겁게 먹어보곤 합니다. 매워서 먹기 힘들어하던 김치도 용기를 내어 한 점씩 먹어볼 수도 있죠.

유치원에서의 식사를 다양한 음식을 접할 기회로 삼아보는 건 어떨까요? '우리 아이는 못 먹어요'가 아니라 '선생님, 힘드시지만 한 개씩 먹어볼 수 있도록 도와주세요'라고 말해주면 선생님들도 기쁘게 도와줄 겁니다. 그러면 아이가 먹을 수 있는 음식도 점점 늘어날 거예요.

"밥은 먹었니?"

"언제 밥 한번 먹자."

"밥도 못 먹고 어떡해."

"금강산도 식후경이지."

"먹고살기 힘들다!"

밥이 보약이라는 인식이 강한 우리나라에서 밥은 그만큼 중요합니다. 그래서 부모들도 사랑하는 아이에게 식사의 즐거움을, 밥의 고마움을 알려주고 싶은 것일 테고요. 또 성장기에 잘 먹어야 쑥쑥 자라고 면역력도 좋아져서 감기에도 안 걸리니까요.

이렇게 고맙고 소중한 밥을 아이가 감사하게 먹을 수 있도록 도와주세요. 많이 먹는다고, 적게 먹는다고, 골라 먹는다고, 지저분하게 먹는다고 속상해하는 대신 우리 집만의 규칙을 정해 다양한 음식을 재미있게 먹도록 시도해보세요.

아이들은 타고난 기질에 따라 먹는 것도, 먹는 방법도 다 다릅니다. 밥을 주면 자기가 먹을 만큼 딱 먹고 더 이상 먹지 않는 아이는 자기 조절 능력이 뛰어난 것입니다. 밥을 먹으면서도 끊임없이 돌아다니거나 이것저것 질문하는 아이는 호기심이 많은 아이예요. 자기가 싫어하는 것은 절대 먹지 않는 아이는 주관이 뚜렷한 아이입니다. 이렇게 먹는 방법 하나에도 아이의 성격이 다 나타나고 개성이 있답니다. 아

이의 개성에 맞춰 규칙을 만들어 고쳐야 할 것은 고쳐주고 키워줄 것
은 키워주는 행복한 식탁을 만들어보세요. 그리고 양육자들도 부디
굶지 말고, 아이에게만 맛있는 것 주지 말고 온 가족이 함께 건강한 식
사를 하길 바랍니다.

정리 정돈과 함께하는
놀이의 시작과 끝

#정리 잘하는 아이
#놀이 같은 정리법

아이를 키우다 보면 가슴 벅찬 순간들이 있습니다. 매일 누워만 있던 아이가 앉았을 때, 걷기 시작했을 때, 혼자 숟가락을 쥐고 밥을 먹었을 때, 너무나 기특하고 기쁘죠. 아무것도 못 하던 아이가 자라면서 하나하나 혼자 해내는 것이 늘어날 때마다 부모들은 어디서 확성기라도 빌려 자랑을 하고 싶을 겁니다. 아이가 걸음마를 한 발짝 떼면 막 난리가 나잖아요. "하나, 둘, 하나, 둘." 구령을 붙이고 박수를 치면서 너무나 기뻐하죠.

그런데 아이가 유치원에 다닐 때쯤이면 부모들이 많은 것을 요구하는 것 같습니다. '얘는 이것도 혼자 못 하나?' 하는 마음이 슬며시 올라오는 것이죠. 이제 나이가 조금 들었으니 혼자 책도 보고, 혼자 밥도 먹고, 혼자 잠을 자야 할 것 같은 생각이 들 거예요. 그런 희망사항 중 하나가 바로 '정리 정돈'입니다. 아이가 5~7세 정도 되면 쓰레기는 쓰레기통에 넣고, 놀고 난 후에 장난감도 제자리에 넣어주길 바라는 부모가 많아요. 그래서 하나씩 아이가 할 수 있도록 지도하지만, 정리 정돈은 좀처럼 쉬운 일이 아닙니다.

"너 방이 이게 뭐야? 완전 돼지우리잖아! 우리 집이 동물원이야? 어떻게 치울 거야? 이렇게 게을러서 세상 제대로 살아갈 수 있겠어?"

지우 엄마는 방에서 혼자 놀고 있는 지우에게서 이상한 느낌을 받았습니다. 문을 살짝 열어보고는 뒤죽박죽 어질러진 방을 보고 기가 찼습니다. 장난감이며 책을 발로 쓱쓱 밀고 방으로 들어간 지우 엄마는 지우에게 폭풍 잔소리를 해댔습니다. 그 순간 지우는 게으른 아이, 돼지우리에서 사는 아이가 되고 말았어요.

부모 마음 같아선 아이들이 책을 한 권씩만 보고, 장난감도 지금 갖고 놀 것만 조금씩 꺼내고 나머지는 그대로 뒀으면 좋겠죠. 하지만 대부분의 아이가 그러질 않습니다. 이 책을 보다 보면 갑자기 다른 책이 생각나 꺼내게 되고, 지금 보고 있던 책들도 너무 재미있다 보니 책장에 꽂아둘 수 없는 지경에 이르죠. 또 기차를 가지고 놀다 보면 기차에게도 친구를 만들어주고 싶은 마음이 들어요. 그래서 이 장난감도 꺼내고 저 장난감도 꺼내다 보면 아이방이며 거실이며 가릴 것 없이 어느새 장난감 천국이 되고 말지요.

3세가 되면 아이들은 비로소 '정리'의 개념을 알 수 있습니다. 이때부터 정리 정돈의 습관을 익혀줄 수 있다는 말이죠. 하지만 걸음마를 떼는 것처럼 시간과 연습이 필요해요. 그리고 정리 정돈을 통해서도 아이의 성격이 드러납니다. 활발한 아이들은 정리 정돈에 별로 관심이 없습니다. 지금 당장 장난감을 정리하는 것보다 더 신나고 하고 싶은 일들이 너무 많거든요. 만약 우리 아이가 활발한 아이에 속한다면 정리 정돈 습관을 들이는 데 시간의 여유를 가지세요. 반면 조용한 아이들은 조금 더 쉽게 정리 정돈을 할 수 있습니다. 천성이 깔끔한 아이들은 부모가 시키지 않아도 물티슈를 꺼내서 식탁도 닦을 정도예요. 그런데 깔끔하다고 무조건 다 좋은 건 아닙니다. 깔끔한 아이들에게 과하게 청결 교육을 하면 바닷가 모래도 더럽게 느껴져서 못 밟는 경우가 생기거든요. 정리 정돈 교육은 아이의 기질에 맞게 조절이 필요합니다.

이번 장에서는 정리 정돈 습관을 키워줘야 하는 아이를 기준으로 이야기해보고자 합니다. 먼저, 자녀의 습관을 관리하려면 양육자의 습관부터 점검해봐야 해요. 양육자의 기준이 얼마나 되는지, 아이가 할 수 있는 수준인지를 알아야 아이의 기질과 성장 단계에 맞춰 지도할 수 있으니까요.

정리 정돈의 기준은 사람마다 참 다릅니다. 어떤 사람은 뚜껑이 있는 상자에 담아 아무것도 보이지 않게 꼭꼭 넣어두고, 어떤 사람은 언제라도 쉽게 찾을 수 있게 진열대에 조르륵 진열하고, 어떤 사람은 그냥 한쪽 구석에 몰아두기도 하잖아요. 또 어떤 사람은 정리를 잘해도 먼지가 수북이 쌓인 것에는 무디고, 어떤 사람은 산만하게 물건을 쌓아둔 것 같아도 먼지 없이 깨끗하게 유지하길 좋아하기도 하죠.

엄마나 아빠, 또는 할머니, 그리고 아이를 돌봐주는 시터 등 아이와 주로 시간을 보내는 주양육자의 정리 정돈 습관은 아이에게 큰 영향을 미칩니다. 양육자 스스로 정리 정돈을 잘하고 있는지, 어떤 스타일인지 생각해보세요. 아이가 충분히 해낼 수 있는 수준에서 요구하고 있는지 생각해보세요. 그리고 다음과 같은 순서로 아이와 함께 정리를 시작해보세요.

✦

양육자 먼저 정리 정돈의 모범을 보여줍니다

아이에게는 책을 똑바로 꽂아두라고 하면서 혹시 엄마와 아빠의 옷은 방 한쪽 구석에 무덤처럼 쌓아두고 있지는 않나요? 엄마는 정리하라고 말하고 있는데, 아빠는 그 정도는 됐다면서 아이에게 혼란을 주고 있진 않나요? 아이가 정리 정돈 습관을 들이려면 부모가 일관된 훈육을 해야 합니다. 부모부터 정리 정돈하는 모습을 먼저 보여주고 정리를 어느 정도 해야 하는지를 알려주세요.

✦
정리의 필요성을 알려줍니다

아이에게 정리 정돈이 필요한 이유를 알려주세요. 정리는 나중에 그 물건을 쉽게 찾을 수 있도록 만드는 과정이고, 주변 생활 환경을 쾌적하게 만들기 위한 것이라고요. 또 자신이 주변을 정리하지 않으면 다른 사람이 불편해진다는 것도 알려주세요.

만약 아이가 거실을 자주 어지른다면 거실은 다른 사람과 함께 사용하는 공간이니 자기 방보다 더 잘 치워야 한다는 것을 일러주세요. 유치원이나 학교처럼 공동체 생활을 준비해야 하는 아이들에게 반드시 필요한 습관이나 규칙들을 강조해도 좋습니다. 또 앞으로 쓰지 않을 물건은 아이와 상의해서 처분하는 것도 중요합니다. 이제는 더 이상 갖고 놀지 않을 장난감이며 입지 않을 옷을 마을 장터에 내다 팔거나 그런 물건들이 필요한 곳에 기부하는 것도 좋아요. 그 과정을 아이와 함께한다면 나눔 교육도 할 수 있으니 일석이조겠지요.

✦
아이만의 수납장을 마련해줍니다

아이가 책이나 장난감 등을 넣어둘 수 있는 수납장을 마련해주세요. 박스 하나를 지정해 아이가 자주 꺼내는 물건을 그곳에 몰아두는 겁니다. 대부분 유아가 있는 집에는 아이 전용으로 쓰는 큼지막한 수납장이 있을 거예요. 그럼 종류가 다른 것들을 마구잡이로 넣어도 괜찮아요. 아이가 좋아하는 장난감, 색종이, 책 등을 넣어두는 상자를 정하고, 아이 눈높이에 맞게, 아이가 편하게 여닫을 수 있는 위치에 상자를 놓아주세요.

가급적 수납장은 아이가 물건을 꺼내기 쉬워야 합니다. 덮개가 없는 것, 바깥에서 안이 보이는 것이면 더욱 좋습니다. 그러면 아이가 인형 하나를 찾으려고 장난감 통을 다 뒤집어엎는 걸 막을 수 있겠죠?

✦
어떻게 정리하는지 시범을 보여줍니다

"책은 책꽂이에 꽂아두고, 블록은 이 상자에, 인형은 진열장에 그리고 네가 좋아하는 물건들은 저 상자에 넣자. 옷은 벗어서 빨래 바구니에 넣고 컵은 쓰고 나면 싱크대에 올려놔야 해."

아이가 성장할수록, 스스로 해야 하는 활동이 많아질수록 정리할 것들도 많아지죠. 네 살 때는 컵만 싱크대에 올려둬도 충분하지만, 다섯 살이 되면 장난감도 스스로 상자에 넣을 수 있어야 해요. 그러다 학교에 가게 되면 혼자 책가방도 준비해야 합니다. 이렇게 정리 정돈의 대상이 늘어나면 아이가 잘 해낼 수 있도록 지속적으로 시범을 보여주세요.

가끔 언제까지 도와줘야 할지 모르겠다는 양육자들이 있습니다. 정리 정돈은 대부분 아동기를 벗어나면 도와줄 필요가 없어져요. 아이들은 성장할수록 자기 물건에 손대는 걸 싫어하거든요.

하지만 종류대로 잘 정리하는 것을 습관으로 들이면 살아가면서 많은 것을 '정리'하는 데 큰 도움이 될 거예요. 아이가 어릴 때 함께 정리 정돈하는 것 또한 자녀와 누릴 수 있는 잠깐의 행복이랍니다.

✦

정리를 싫어한다면 불편함을 겪게 합니다

아무리 잘 가르쳐줘도 정리를 안 하는 아이들이 있습니다. 성격이 활발하거나 호기심이 많은 아이들이 더욱 그렇죠. 그럴 때 '참을 인'자를 다 쓴 양육자라면 아이에게 잔소리를 해대기 쉽습니다. 이때 잔소리보다 효과적인 것이 있습니다. 아이가 불편함을 겪어보게 하는 거예요. 잔소리와 함께 부모가 아이의 물건을 계속 찾아주고 치워주면 그 상황을 학습할 수 있거든요.

"타요 버스를 못 찾겠어? 여기 상자에 두기로 약속했잖아. 여기에 뒀으면 금방 찾을 텐데… 이번에는 엄마랑 같이 찾아보자. 그리고 놀고 나서 이 상자에 다시 넣어두는 거야. 그럼 다음에는 혼자 찾을 수 있겠지?"

아이가 원하는 물건을 못 찾을 때는 즉시 찾아주지 말고 왜 정리가 필요한지 단호하고 부드러운 목소리로 알려주세요. 그리고 수납장을 함께 차근차근 정리해보면서 아이가 원하는 것을 스스로 찾을 수 있도록 도와주세요.

✦
정리는 놀이처럼, 양육자와 함께 구역을 정해서

"지우야, 방이 너무 어지럽네. 이거 다 지우 물건인데 어떻게 치워야 할까?"

앞서 이야기한 지우네 집으로 다시 돌아가보죠. 정리 정돈이 필요한 순간, 지우에게 소리 지르며 잔소리하는 대신 상황을 바꿔주고 있네요. 놀이처럼 정리하면서 긍정적 경험을 쌓도록 말이죠.

"지우는 블록을 상자에 담아. 엄마는 책을 책꽂이에 꽂을게. 그냥 담으면 재미없으니까 빨간 블록은 왼쪽에 담고, 파란 블록은 오른쪽에 담자. 나머지는 가운데에 담을까? 엄마는 여기 작은 책을 위쪽 칸에 넣고, 큰 책을 아래쪽 칸에 넣을게."

지우는 신이 나서 블록을 상자에 담습니다. 빨간 블록과 파란 블록도 잘 구분해서 정리했어요. 엄마가 책 정리하는 모습을 보면서 왜 아래쪽에 큰 책을 넣는지도 물어봅니다. 이렇게 종류별로 정리하는 놀이는 자연스럽게 분류하는 법과 짝 짓는 법을 알려주는 귀중한 교육이 됩니다.

지우는 오늘 엄마에게 혼나는 대신 크기와 색깔을 구분하는 법을 배웠습니다. 엄마와 함께 나누어 정리했기 때문에 부담스럽지도 않았고요. 이렇게 아이들과 함께 집 안 물건의 정리 정돈을 놀이로, 교육으로 활용해보세요.

✦
아이가 스스로 정리하면 칭찬으로 마무리합니다

아이들은 소근육 발달이 완성되지 않아 정리하는 것이 서투릅니다. 책을 꽂아도 삐뚤빼뚤하고 장난감을 상자에 넣어도 어설프기만 하죠. 그런데 부모의 마음에 들지 않게 정리를 했어도 아이 스스로 했다면 폭풍 칭찬을 해주세요.

"어머나, 정말 깨끗하게 정리했구나."
"우리 지우는 정리 멋쟁이야!"

칭찬은 아이의 자존감을 키우는 명약입니다. 다음번에도 또 잘하고 싶다는 동기 부여가 되지요.

"대충 넣지 말고 똑바로 해."
"잘했는데 엄마가 다시 해야겠다."
"이렇게 잘하는데 왜 그동안 정리 안 했어?"

이렇게 아이를 윽박지르는 말 대신 긍정의 언어로 '정리 잘하는 아이' '혼자서도 잘하는 아이'의 태그를 달아주세요.

— 정리 정돈은 훈련이라서 반복 연습할 수 있도록 기회를 끊임없이 줘야 합니다. 그리고 한 부분에 능숙해졌다면 다른 과제를 주어 아이가 해낼 수 있는 영역을 넓혀주세요. 가령 오늘 장난감 정리를 할 수 있게 됐다면 내일부터는 옷을 개는 법을 알려주는 거죠. 마치 엉금엉금 기던 아이가 일어나 앉고, 걷고 뛰는 것을 지켜보는 것처럼 말이죠. 그리고 그런 아이를 보며 기뻐했던 것처럼 응원과 칭찬으로 아이가 조금 더 자란 것을 축복해주세요. 이제 우리 아이는 혼자 책을 꽂을 수 있을 만큼 자랐고, 혼자 쓰레기를 구분해 버릴 수 있을 만큼 자란 거예요. 그 순간을 아이와 함께하며 육아의 기쁨을 만끽하길 바랍니다.

어떤 어머니는 아이가 자라 독립을 하자 자취방을 찾아가봤다고 합니다. 그때 옷장 서랍을 열어보고는 울컥 눈물이 났다고 해요. 속옷이며 수건을 정리한 모양새가 딱 자신이 했던 방식이었거든요. 그 어머니는 아이의 옷장을 더는 정리해줄 수 없지만 자신의 습관을 이어받은 아이를 보며 오만 가지 감정이 들었다고 털어놓았습니다. 여러분도 아이가 커서 좋은 정리 정돈 습관을 갖고 여러분을 추억할 수 있도록 정리 정돈이란 장거리 달리기에서 힘을 내길 바랍니다.

내 아이만의
공부 시간 찾기

#창의적인 아이
#느긋하지만 정확한 학습법

'사과' 하면 무엇이 떠오르나요? 맛있고 영양 가득한 과일? 맞습니다. 그런데 과육 안에 있는 사과 씨를 한번 보세요. 보통 7개의 씨앗이 있습니다. 7개의 씨앗이 다시 땅에 심겨 자란다면 훨씬 더 많은 열매로 다시 태어나지요.

우리 아이들은 가능성의 씨앗을 품은 사과와도 같습니다. 사과와 다른 점이 있다면 사과 속의 씨앗은 셀 수 있지만, 아이 안의 씨앗은 셀 수 없다는 것이죠. 셀 수도 없을 만큼 많은 씨앗을 사랑이라는 땅에 심고 물과 비료를 주고 불필요한 잎 등을 잘라주며 돌보면 단단하고도 풍성한 열매를 맺을 수 있어요. 아이에게 필요한 물과 비료는 바로 양육자의 긍정적 시각과 돌봄입니다. 학습과 지도가 아닌, 관심과 응원이지요.

언제부턴가 우리 아이들은 조기 교육의 홍수 속에서 살고 있어요. 세 살부터 한글을 익히고 네 살엔 미술, 태권도, 발레, 그리고 다섯 살엔 영어까지…. 아이들은 유아기부터 많은 학원에 다니면서 자라고 학원에서 만난 친구들과 놀죠. 예전처럼 골목에 옹기종기 모이질 않으니 학원에서 만난 친구를 사귈 뿐이에요. 그런데 학원이 놀이터가 되다 보니 뜻하지 않은 문제가 발생합니다. 같은 또래 친구들의 학습 결과가 궁금하기도 하고, 자연스레 학원이 다른 아이와 비교하는 장이 되어버린 거예요.

"동규가 요즘 영어 레벨이 많이 떨어졌어요."

여섯 살 동규 엄마는 학원 선생님으로부터 동규의 영어 레벨이 떨어졌다는 전화를 받았습니다. 비싼 원비를 주고 사교육을 시키는데 성적이 오르기는커녕 자꾸만 떨어진다고 하니 동규 엄마는 불안해졌습니다. 그리고 불안해진 마음에 아이를 마주하면 짜증만 내게 됐죠.

"너 그 학원이 얼마나 비싼 줄 아니? 엄마가 말했잖아! 숙제는 그때그때 하라고. 성적 떨어졌다는 말이나 듣고, 엄마 너무 창피해!"

동규는 엄마의 짜증에 어쩔 수 없이 책상 앞에 앉습니다. 풀이 팍 죽은 채로 말이죠. 그렇게 책상머리에 앉아 책을 편 동규는 과연 열심히 공부할 수 있을까요?

유아기 아동의 신경은 가늘고 약한 상태예요. 무리한 학습을 하면 스트레스가 쌓이고 스트레스 호르몬 분비로 인해 해마 기능이 억제되어 학습 능률이 제대로 오르질 않습니다. 힘든 상황에서 분비되는 노르아드레날린이라는 스트레스 호르몬은 특히 누군가의 지시로 억지로 무언가를 하고 있다고 느낄 때 많이 나와요. 이 호르몬이 분비되면 뇌의 시냅스가 증가하지 않아 애써 공부해도 머리에 남지 않습니다. 부모가 아이에게 "어서 공부해."라면서 짜증을 내면 그 순간 뇌 안에서 노르아드레날린이 분비되고, 공부는 '하기 싫지만 해야 하는 것'이 됩니다. 이런 경험이 반복되면 아이가 학습에 흥미를 잃게 돼 진작 공부를 해야 할 시기에 공부와 멀어지게 되는 것이죠.

많은 학부모를 만나보고, 저 자신도 손주를 보다 보니 요즘 양육자들의 특징을 알게 되었습니다. 물론 사람마다 특징이 있지만 크게 세 부류로 나눌 수 있었습니다.

먼저, 청소년기에 공부가 싫었던 부모들이에요. 이런 부모들은 자신들도 공부로 스트레스를 많이 받았기 때문에 자식만큼은 자유롭게 해주고 싶어 합니다. 사교육도 덜 시키고 아이들이 노는 시간을 더 확보해주려고 하는 편이에요. 그러면서도 마음속으로 '과연 이렇게 놔

뒤도 될까?' 하는 불안을 갖고 있습니다.

또 다른 부모는 공부를 잘했고 공부에 어려움이 없었던 부류입니다. 이런 부모들은 학습에서 좋은 결과를 내지 못하는 자녀를 이해하지 못할 수 있어요. "왜 못 외워?" "이것도 못 하면 앞으로 어떻게 하려고 그러니?" "엄마 아빠는 안 그랬는데 넌 도대체 누굴 닮아서!" 같은 반응을 보이며 어릴 때부터 공부하는 습관을 들여야 한다고 생각합니다.

마지막은 자신의 학습 결과와 상관없이 공부가 중요하고 필요하다고 느끼는 부모입니다. 공부를 잘하면 선택할 수 있는 길이 늘어나니 가급적 자녀가 공부를 잘하길 바라며 여러 사교육도 기꺼이 감당합니다.

어떤 양육자 유형도 모두 이해가 됩니다. 문제는 부모의 배경이 모두 '자신의 경험'에서 비롯된 것이라는 데 있습니다. 아이는 엄마나 아빠와는 다른 사람이잖아요. 아이는 엄마처럼 책을 잘 읽지 못할 수도 있고, 아빠처럼 영어를 잘하지 못할 수도 있어요. 또 아직 공부에 관심이 생기지 않았을 수도 있습니다. 아이의 현실을 받아들이고 공부를 흥미롭고 재미있게 받아들일 수 있도록 기다리고 도와줘야 합니다.

많은 부모가 "남들 하는 만큼만 해도 이런 걱정 안 해요."라고 말씀하세요. 자기 아이가 또래 아이들의 평균적인 학습 결과만큼만이라도 달성하길 바라는 소박한 마음이죠. 하지만 유아기는 결과를 내는 시기가 아니라 경험과 지식을 입력하는 시기입니다. 어떤 결과를 내기에 아직 우리 아이들은 너무 어리고, 알고 있는 것도 적어요.

물론 학교에 들어가기 전에 한글 정도는 익혀야겠죠. 하지만 아침마다 영어 단어를 외우고, 못 외우면 잔소리를 들으며 아침부터 눈물을 쏟아내고, 저녁이면 동화책 읽고 독서 일기 쓰느라 11시까지 잠을 못 잔다면, 그것은 올바른 교육이라 할 수 없어요. 유아기의 아이는 잘 자고, 잘 먹고, 기분 좋게 등원하는 것이 더 중요합니다. 공부를 떠올릴 때 '싫은 것'이 아니라 '재미'있고 '해보고 싶은 것'이 되는 게 더 중요해요. 아이들이 즐겁게 공부와 친해질 수 있도록 돕는 몇 가지 방법을 제안합니다.

✦

양육자부터 맞춤법과 발음법 점검하기

유아에게 동화책을 읽어줄 때는 엄마나 아빠와 함께 행복한 시간을 누리고 책과 친해지길 바라는 마음이 우선입니다. 그 과정에서 자연스럽게 한글을 익힐 수도 있으니까요. 그러다 아이가 책을 혼자 읽을 수 있게 되면 받아쓰기 같은 것으로 맞춤법도 익히게 합니다. 이때 아이가 발음을 어떻게 하는지도 신경 써야 합니다. 양육자가 판단했을 때 아이가 또박또박하게 발음하지 않는다면 이미 출시된 학습 프로그램들을 활용해보세요.

　스마트폰 앱이나 인터넷 교육 프로그램 등에 실린 성우의 정확한 발음을 아이와 함께 듣고 맞춤법과 발음법을 익힐 수 있도록 도와주세요. 그리고 사전에 양육자가 먼저 맞춤법을 점검해보세요. 우리나라 맞춤법이 굉장히 복잡하고 어렵기로 유명하죠. 그러니 과연 내가 제대로 알고 있는지 점검하고 정확한 지도를 하는 게 중요합니다.

✦

반복 학습의 이유를 이해하기

똑같은 동화책을 열 번, 스무 번을 읽어줘도 또 읽어달라는 아이, 똑같은 수학 문제를 열 번 풀어도 못 알아듣는 아이, 시계 보는 법을 수백 번 알려줘도 2시간 후를 계산 못 하는 아이…. 아이를 지도하다 보면 생각지도 못한 반복 학습 때문에 인내심을 잃게 되는 경우가 많습니다. 그런데 아이들은 반복을 통해서 배운답니다. 어느 한 가지를 수없이 반복하다 보면 어느 순간 이치를 깨닫게 되죠. 그렇게 반복을 통해 원리와 이유를 배워야 '아는 것'이 되잖아요. 때로 지겹더라도 인내와 끈기를 가지고 아이를 대해주세요. 아이가 스스로 시간을 계산하고 책도 혼자 보는 순간은 반드시 찾아옵니다. 아이가 양육자와 함께 하는 시간이 공포가 아닌 즐거운 시간이 되도록 느긋함을 가져주세요.

✦

아이에게 배우며 복습을 유도하기

아이가 하원하면 학원이나 유치원에서 했던 활동 중에 재미있었던 것을 물어보세요. 종이접기, 노래하기, 블록 맞추기, 영어 등 무엇이든 재미있던 것이 있을 겁니다. 그것을 집에서 다시 한번 해보게 하고 양육자들도 배워보세요.

"그 노래는 어떻게 하는 거야? 엄마도 알고 싶어!"

아이에게 모르는 것을 가르쳐달라고 하고, 아이가 할 수 있는 것을 유도해보세요. 그럼 아이들은 신이 나서 자신이 그날 배운 것을 알려줄 겁니다.

교육 시설에서 하는 활동은 비록 놀이일지라도 아이의 성장에 맞게 개발된 훌륭한 프로그램이에요. 집에서 되풀이한다면 자연스럽게 복습의 효과를 볼 수 있습니다. 물론 재미있는 게 아무것도 없는 날도 있겠죠. 그럴 때는 아이가 평소 관심을 보이는 학습이나 놀이를 되풀이하는 것도 방법입니다.

◆

정답과 레벨이 아닌 창의성에 집중하기

"1+1의 답이 뭘까?"라고 물으면, 대부분의 아이가 "2"라고 대답할 것입니다. 하지만 그중에 "창문이요!"라고 답하는 아이도 분명 있을 거예요. 그런 아이는 상상력이 풍부한 아이입니다. '2'는 언젠가 알게 될 당연한 답이지만 '창문'이라는 답은 가르친다고 알 수 있는 답은 아니니까요.

지금은 지식이 넘쳐나는 시대, 온갖 지식이 공유되는 시대입니다. 복잡하고 색다른 요리법부터 알 수 없는 통증의 원인까지 스마트폰에 검색하면 모두 답을 얻을 수 있어요. 이렇게 모두가 지식을 공유하는 시대에는 자신이 알고 있는 지식을 조합해 새로운 지식을 만들어내는 것이 중요합니다. 오죽하면 여러 지식을 통합하는 '통섭'이라는 말이 있을까요. 즉, 오늘날 세상이 원하는 능력은 들은 것, 본 것, 경험한 것을 조합하는 능력입니다. 이렇게 자신만의 것으로 소화해 무언가를 만들어내는 것이 바로 창의성이고요.

우리 아이들도 창의성을 키울 수 있도록 많은 것을 입력하고 경험하는 과정을 부모들이 옆에서 도와줘야 합니다. 자신이 아는 지식을 조합하고 상상하는 능력은 무엇보다 많은 것을 보고 듣고 만져봐야 가능하니까요. 유아기는 결과를 내는 시기가 아니라 입력하는 시기라는 것을 다시 한번 강조하고 싶네요. 놀이터에서, 가정에서, 유치원에서 그리고 산과 바다에서 많은 것을 경험하도록 도와주세요.

✦

진심 어린 응원과 칭찬으로 자존감 높이기

만약 아이가 스스로 할 줄 아는 것이 없다면서 부정적인 생각을 하고 있다면 아이가 잘하는 것을 반복해서 시켜보세요. 아이들의 생김새가 각각 다르듯 잘하는 분야도 각각 다릅니다. 아이가 잘하는 분야를 발견하면 그것을 반복해서 시키고 칭찬과 지지를 아끼지 마세요. 아이는 양육자의 격려에 자신도 잘할 수 있다는 자신감을 얻게 됩니다.

칭찬을 할 때는 반드시 마음을 담아 칭찬해주세요. 마지못해 하는 칭찬은 누구보다 아이 자신이 더 잘 알고 있어요. 진심 어린 칭찬은 아이가 받아온 보잘것없는 성적도 자랑스러운 시도로 만들어줍니다. 그리고 그런 작은 칭찬들이 모여 아이의 자신감을 키워줍니다.

"엄마는 항상 너를 믿어!"
"엄마는 늘 우리 ○○(이)를 응원해."

아이는 부모에게서 사랑받고 인정받는다고 느낄 때 정서적으로 발달하는 것은 물론 심리적으로 안정감까지 느낍니다. 엄마의 말이 곧 아이의 자존감이 되는 것이죠. 자존감이 높은 아이는 어려움에 쉽게 좌절하지 않고 학습도 자신 있게 도전합니다.

✦
아이의 성장 속도에 맞게 기다리고 믿어주기

부모들은 모두 압니다. 유치원 때 공부 잘해도 다 소용없다는 걸요. 심지어 초등학교 때 공부 잘해도 별로 의미가 없습니다. 중고등학교 때 (그때가 가장 학습에 적합한 뇌 상태예요) 진짜 공부를 해야 원하는 진로에 조금 더 쉽게 다가갈 수 있습니다. 가장 뇌 발달이 활발한 시기에 공부와 멀어지지 않도록 어린 시절에는 공부로 인한 부담을 주지 말아야 합니다.

다른 아이와 비교하지 말고, 눈앞의 성적에 일희일비하지 말고, 아이의 성장 속도에 맞춰 기다려주세요. 제가 아는 한 부모는 자기 아이의 수학 성적이 초등 저학년 내내 바닥을 기었다고 했어요. ADHD 같은 증상도 있어서 아이를 붙잡아 앉혀 뭘 가르치는 것도 불가능했다고 하더군요. 그래서 아예 포기하고 있었는데, 5학년 때 학습지 선생님을 만나서 조금씩 달라지기 시작했답니다. 그 선생님께 1학년 과정부터 차근차근 가르쳐달라고 부탁을 했었대요. 방학 동안 아이는 일주일에 15분 정도 학습지 선생님과 수학 기초부터 시작했고, 중학생이 된 지금은 또래 친구들에게 뒤처지지 않고 수학 공부를 하고 있다고 해요. 저는 그 부모님의 용기와 인내심이 정말 박수 받을 만하다고 생각합니다.

아이가 무언가를 할 수 있을 때, 아이가 무언가를 해야 할 때까지 기다려주세요. 아이는 아이만의 시간이 있어요. 자기만의 시간이 찾아와야 공부할 수 있는 것이죠. 소를 우물가까지 데려갈 수는 있어도 물을 억지로 먹일 수 없다는 옛말처럼, 아이가 공부와 친해지도록 기다려주는 부모님을 응원합니다.

평범한 심부름으로 키우는
자기 주도력

#스스로 하는 아이
#심부름과 역할 분담

스스로 공부하고, 스스로 생각하고, 스스로 자기 일을 해내는 자기 주
도력. 자기 주도력은 부모라면 누구나 아이에게 전해주고 싶은 소중
한 능력입니다. 그런데 자기 주도력은 어느 날 갑자기 생기는 것이 아
니라 생활 속에서 경험을 통해 조금씩 만들어져요. 자신이 해보지 않
았던 일을 해보면서, 하나씩 하나씩 성공하고 때론 실패하면서 참여
자가 아닌 주체자가 되어가는 것이죠. 이런 자기 주도력을 키우는 아
주 손쉬운 방법이 있습니다. 바로 심부름이에요.

2015년 3월, 〈월스트리트저널〉은 미네소타대학 명예교수 마티
로스먼Marty Rossman의 연구 결과를 기사로 실었습니다. 로스먼 교수

는 84명의 아이를 대상으로 성장 과정을 추적 분석했습니다. 그 결과 3~4세 때부터 집안일을 도운 아이들이 성인이 되었을 때 대인관계는 물론 직업적으로도 성공했다는 것을 발견했습니다. 유아 때부터 청소나 심부름 같은 집안일을 도운 아이들은 허드렛일을 일절 하지 않거나 10대 때부터 시작한 사람들보다 자기 만족도도 높았습니다.

아이들이 심부름이나 집안일을 하게 되면 어떤 효과를 얻는 것일까요? 아이들은 양육자의 부탁을 받고 집안일을 할 때 자신도 도움이 되는 존재이자, 가족의 일원이라는 자부심을 느낍니다. 쉽게 말해 '나'라는 사람의 쓸모를 느끼는 것이죠. 또 스스로 해내는 과정을 통해 다른 사람에게 무엇이 필요한지를 살피게 되고 일을 끝냈을 때 성취감도 느낍니다. 즉, 아이들이 서툴러도 도전할 기회를 계속해서 마련해 줘야 합니다.

보통 세 살부터 심부름을 시작할 수 있습니다. 세 살짜리 아이들도 쓰레기를 휴지통에 넣는 것 같은 간단한 일은 할 수 있어요. 그리고 다섯 살 정도 되면 냉장고에 물건을 넣거나 꺼내기, 간단한 물건 가져오기, 식탁 닦기 같은 일이 가능합니다. 일곱 살 이상이 되면 좀 더 완성도 있는 일을 할 수 있죠. 자기가 쓴 숟가락 닦기, 슈퍼에 가서 물건 사오기, 세탁물 정리하기, 반려동물 밥 주기 등입니다.

자녀에게 심부름을 훈련시킬 때는 연령에 따라 아이가 할 수 있는 일을 잘 골라야 합니다. 아이가 심부름의 내용을 이해할 수 있는지를 고려해 정확하게 어떻게 해내야 하는지 알려줘야 하죠. 그리고 아이가 서툴게 해내더라도 칭찬과 지지를 보내줘야 합니다.

많은 양육자가 아이에게 심부름을 시키기보다 자신이 하는 게 더 빠르고 손쉬우므로 기회를 주려 하지 않습니다. 여전히 아이를 보호해야 하는 대상으로만 생각해 어려운 일을 해내지 못할 거라고 여기거나 너무 귀하고 예쁘게만 대하는 나머지 심부름을 시킬 생각조차 하지 않습니다. 그런데 만약 정말로 아이를 사랑한다면 아이가 여러 가지 일을 직접 접해볼 수 있도록 기회를 열어줘야 합니다. 그래야 자라면서 자신 앞에 닥친 수많은 일에 능동적으로 다가갈 뿐만 아니라 일머리도 익힐 수 있어요.

유치원에 있다 보면 많은 아이를 만나게 됩니다. 자연스레 가정에서의 훈련이 참 다름을 느끼게 되죠. 성민이의 부모는 맞벌이인 데다, 다둥이를 키우고 있습니다. 성민이의 일까지 엄마와 아빠가 다 해주기에는 손이 한참 모자랐어요. 그러다 보니 "엄마가 (혹은 아빠가) 바쁘니까 이건 성민이가 혼자 해야 해. 엄마 좀 도와줘." 하고 말하는 기회가 자연스럽게 많았죠. 그런 환경 덕분인지, 성민이는 여섯 살인데도 어른의 손 갈 데 없이 자기 일을 척척 해내고 심부름도 곧잘 합니다. 그리고 그것을 당연하게 생각합니다.

다른 집을 볼까요? 정원이도 성민이와 같은 여섯 살입니다. 정원이의 엄마는 외동인 정원이를 너무나 예뻐합니다. 가끔 유치원에 정원이를 데리러 오는데 눈에서 꿀이 뚝뚝 떨어질 정도예요. 그런데 꼭 정원이의 신발을 손수 신겨주는 것을 발견했습니다. 사실 정원이는 혼자서도 신발을 신을 줄 알거든요. 아직 아이인 탓에 동작이 느릿느릿할 뿐이죠. 하지만 정원이 엄마는 얼른 신발을 신겨주면서 "아이고, 아직도 얘가 신발을 못 신어요!" 하면서 웃으세요. 아이가 할 수 있는 일을 자신이 대신 해주는 게 즐거운 것이죠. 정원이도 엄마가 해주는 게 좋았던지 엄마만 보면 잘 신던 신발도 못 신는 척, 몸짓이 더 느려집니다.

아이가 예뻐서, 아직 자기 손으로 해주는 게 좋아서 아이에게 많은 것을 해주다 보면 아이가 생활훈련을 할 기회를 얻지 못합니다. 생활훈련이 잘되지 않으면 아이가 '누군가 해주겠지, 나는 이런 거 안 해도 돼' 하는 마음을 자연스럽게 먹게 되고요. 결국 책임감과 자기 주도력이 부족한 아이로 자라게 됩니다. 그만큼 심부름은 굉장히 중요한 교육입니다. 귀한 자식일수록 험하게 키운다는 옛말처럼 너무 예쁘기만한 우리 아이들이 다양한 경험을 해볼 수 있도록 기회를 열어주세요. 심부름을 효과적으로 활용하는 방법을 한번 알아볼까요?

✦
가족 공동의 일부터 시작하기

가방 싸기, 장난감 정리하기, 벗은 옷 세탁 바구니에 넣기 등은 아이가 마땅히 해야 할 자신의 일입니다. 심부름은 양육자의 일을 '돕는' 개념이기 때문에 가족 공동의 일을 과제로 마련해줘야 해요. 화분에 물 주기, 반려동물 밥 주기, 건조된 빨래 정리하기, 청소 돕기, 쓰레기 분리수거 하기 등 가족 공동체가 해야 할 일을 심부름으로 정해주는 것이 좋습니다. 모두에게 필요하고 이로운 일을 하다 보면 가족을 돕는다는 뿌듯함도 느낄 수 있어요. 자연스럽게 엄마와 아빠의 수고로움도 알게 됩니다.

✦
가족 회의를 통해 역할 분담하기

심부름은 즉석에서 정해줄 수도 있지만 가족 회의를 통해 정해주면 한층 더 긍정적인 효과를 얻을 수 있습니다. 가족의 일원으로서 존중받는 느낌과 책임감도 가질 수 있어요. 다섯 살 이상이면 충분히 가족 회의에서 자신의 의견을 말할 수 있습니다. 가족 회의를 통해 아빠는 쓰레기 버리기와 빨래하기, 엄마는 식사 준비, 아이는 식탁 닦기 등을 정해보세요. 아이가 할 수 있는 것, 해보고 싶은 것을 스스로 말하게 하면 아이의 성장 속도를 더 정확하게 알 수 있습니다.

✦

심부름을 놀이와 학습처럼 활용하기

꼭 노동력이 들어가는 일을 심부름으로 줄 필요는 없습니다. 상상력을 발휘한다면 심부름도 놀이처럼 즐기면서 할 수 있고, 학습도 가능해요. 가령 욕실을 아이의 담당 구역으로 정해주고 치약이나 휴지가 떨어져가면 부모에게 말해주기로 약속을 해보세요.

혹시 부모에게 말하는 것을 잊어버릴 수 있으니 욕실 안에 메모를 써서 붙여두는 것도 좋아요. "휴지! 치약! 다 쓰면 희주가 엄마에게 말하기!" 이것도 심부름입니다. 그러면 아이는 관심 있게 생필품을 살펴보면서 관찰력을 기를 수 있어요.

마트에 갈 때면 보통 구입할 물건들을 목록으로 만들잖아요. 이때도 아이와 함께 목록을 작성하고 이왕이면 아이에게 직접 필요한 물건들의 목록을 적어보도록 시켜보세요. 장을 볼 때에도 아이에게 사야 할 것들을 말해달라고 해보세요. 자연스럽게 글자도 익히고 장 보는 즐거움도 생길 겁니다. 직접 고른 물건에 애착도 생기니 아껴 쓰는 효과도 얻을 수 있답니다.

✦

심부름에 대해 보상하기

많은 가정에서 심부름을 한 아이에게 보상을 해줍니다. 청소는 500원, 빨래 정리는 300원, 식탁 닦기는 100원처럼 일정 금액의 보상금을 책정하고 아이가 집안일을 하고 나면 용돈을 주는 식이죠. 저금통을 마련해 저금하도록 유도하기도 해요. 그리고 돈이 어느 정도 모이면 평소 갖고 싶었던 것을 사도록 허락합니다.

심부름과 보상에 대해서는 교육학자들 사이에 찬반 논란이 많습니다. 어떤 학자는 이런 식의 보상이 금전 교육을 병행하고 노동의 소중함을 알게 해준다면서 찬성하죠. 반면 어떤 학자는 보상이 없을 때는 심부름을 하지 않게 되고 점점 큰 보상을 요구하게 된다며 부정적으로 봅니다. 따라서 대가 없이 집안일을 하도록 이끄는 것이 더 좋다고 말하죠.

제 개인적으로 '보상'에 관해서는 가정의 형편에 따라, 아이의 기질에 따라 탄력적으로 사용하면 어떨까 합니다. 만약 자녀가 돈의 소중함을 잘 모른다거나 심부름을 너무 귀찮아하면 보상을 사용하는 것도 좋은 방법이 될 겁니다. 하지만 자녀가 승부욕이 있고 자기중심적 성향이 강하다면 금전적인 보상 대신 가족을 배려하는 방법을 알려주는 것이 좋겠죠. 무엇보다 가장 좋은 보상은 "엄마 일을 도와줘서 정말 고마워." "청소를 무척 깨끗하게 했구나! 멋져!"처럼 따뜻한 관심과 사랑에서 우러나는 칭찬과 격려입니다.

✦

어른들이 귀찮아하는 일을 떠넘기지 않기

아이가 심부름을 곧잘 하게 되면, 어른들은 으레 과도한 심부름이나 자신이 하기 싫은 일을 시키곤 합니다. 누구나 쉽게 범할 수 있는 실수죠. 가령 양육자는 꼼짝하지도 않은 채 가만히 앉아서 아이에게 물을 가져오라고 시킨다거나 다 같이 누워 텔레비전을 보고 있는데 리모컨을 가지고 오라고 시키는 것 등이죠. 또 아직 혼자 편의점이나 슈퍼에 가는 것을 무서워하는 아이에게는 늦은 밤 무언가를 사 오라고 하는 것도 부담스러울 겁니다.

무엇보다 아이들은 정말 잘 알고 있습니다. 엄마나 아빠가 지금 귀찮아서 자신에게 심부름을 시키는 것인지 아닌지를 말이죠. 아이에게 부담스럽고 귀찮은 심부름을 자꾸 시키다 보면 점점 더 심부름에 거부감을 느끼게 되고 결국 "싫어! 안 해!" 하며 거부하기에 이릅니다.

✦

심부름을 완수하지 못해도 격려와 칭찬하기

지아 엄마가 저녁 식사를 준비하고 있습니다. 지아에게 작은 심부름을 시켜볼까 싶어서 "지아야, 냉장고에서 호박 좀 가져다줄래?" 하고 말했어요. 그런데 지아가 가져온 것은 호박이 아니라 오이였습니다. 여러분이라면 이때 어떻게 반응하시겠어요?

"지아야, 이건 호박이 아니라 오이야. 지아 호박 몰라? 오이보다 키가 작고 통통하잖아. 다시 갖고 와."

나쁘지 않은 반응입니다. 지아에게 호박과 오이가 어떻게 다른지를 알려줬으니까요. 그런데 지아가 섬세한 아이라면 "너 그거 몰라?" 하는 엄마의 말이 가슴에 강하게 박힐 수 있어요. 엄마가 다시 가져오라고 하니 냉장고로 돌아와 문을 열었지만 이미 자신감이 없어진 뒤일 테고요.

"어머, 오이네! 오이도 필요했어. 지아야, 정말 고마워. 어떻게 엄마한테 필요한 걸 알았지? 호박도 필요한데 같이 찾아볼까?"

이번에도 결과적으로 똑같이 호박을 다시 찾아야 하지만, 일단 엄마의 "고마워."라는 말을 듣고 지아는 뿌듯함을 느낄 겁니다. 그리고 엄마와 함께 호박의 생김새를 다시 배울 수 있겠죠.

아이들은 어른들이 주문하는 심부름을 제대로 이해하지 못할 수도, 이해했지만 잘 수행하지 못할 수도 있어요. 하지만 '해냈다'는 것이 중요합니다. 아이가 어려운 심부름에 도전했다면 결과에 상관없이 칭찬과 함께 고마운 마음을 표현해주세요. 우리가 아이들에게 심부름을 시키는 이유는 고사리손의 도움이 필요해서가 아니라 혼자 할 수 있는 능력을 기르기 위한 것임을 잊지 마세요.

— 유대인 부모들은 유아 때부터 아이를 엄격하게 교육합니다. 기꺼이 고생을 경험하게 하고 부족함도 알게 하지요. 아이가 원하는 것을 바로 채워주지도 않습니다. 아이가 결핍을 알지 못하면 자신이 누리는 풍요를 당연하게 여겨 이기적인 사람으로 자라기 쉬워요. 그래서 유대인들은 집안일도 나눠서 하고, 금전 교육도 철저하게 시켜서 노동과 돈의 소중함에 일찍부터 눈을 뜨도록 아이들을 가르칩니다. 유대인의 교육법을 보면서 우리는 사랑에 대해 다시 한번 생각할 수 있습니다. 부모가 아이를 더없이 사랑하는 만큼 부족함, 불편함, 수고로움을 경험하게 해줘야 한다는 것을 말이죠.

심부름은 아이들이 성취감을 느끼고 사고력을 키우며 부모님의 소중함을 알게 되는 귀중한 훈련입니다. 자기 자신과 주변을 정돈하고 생활인으로서 필요한 것을 배우는 활동이기도 해요. 마티 로스먼 교수의 연구 결과처럼 심부름을 재미있게 활용해 자존감과 자신감이 넘치는 자녀로 양육하길 기원합니다.

누구나
좋아하고 잘 따르는
아이로 키우는
한마디

3장

관계의 태그

부모의 품에서
새로운 세계로 나아간 아이들

#공동생활에 익숙한 아이
#관계의 소중함

"오늘은 누구랑 놀았어?"
"유치원에서 제일 친한 친구가 누구야?"

아이가 어린이집, 유치원에서 공동생활을 시작하면 부모님들이 관심 있게 살피는 것이 하나 있어요. 바로 아이의 친구, 인간관계입니다. 자기 아이가 친구들과 잘 지내는지, 행여 맞고 다니지는 않는지, 또 다른 친구를 때리지는 않는지, 선생님 눈 밖에 나지는 않는지, 친하게 지내는 단짝이 있는지, 하나하나 궁금하고 걱정이 되지요.

아이는 교육기관에서 여러 친구를 만나기 시작하면서 집에서는 경험할 수 없는 '관계'를 배우게 됩니다. 이기고 지는 과정을 통해 경쟁을 배우고 참을성도 배우지요. 또 좋아하는 친구와 함께 놀고 협동을 익히며 넘어진 친구를 일으켜주기도 하면서 누군가를 돕는 것도 배웁니다. 때로는 친구에게서 함께 놀기 싫다는 말을 들으며 '거절'도 배우지요. 그래서 아이의 친구 관계는 사회성을 익히는 첫 장이자, 시련의 장이라고 할 수 있어요.

안타깝게도 아이가 첫 공동생활을 잘 해내는 데 양육자가 도울 수 있는 것은 그리 많지 않아요. 아이가 친구들에게 인기가 많으면 좋겠지만, 기질적으로 리더십이 없을 수도 있어요. 또 수줍음이 많을 수도 있죠. 무엇보다 아이들에게는 아이들만의 규칙이 있어요. 어른들은 옆에서 잘 지켜보면서 아이의 기질을 파악하고 어른답게 부족한 부분을 채워주고 다독여주는 역할을 하면 됩니다.

요즘은 인터넷과 모바일 덕분에 서로 굉장히 잘 연결되어 있기에 아이의 생활을 양육자가 거의 실시간으로 볼 수 있어요. 분명 좋은 점도 있지만, 나쁜 점도 있습니다. 별것 아닌 일로 아이들끼리 티격태격한 것을 보고 어른들이 문제 삼는 경우가 있으니까요. 또 아이들 사이에선 벌써 잊어버리고 화해한 일을 어른들이 기억하고 있다가 지속적으로 곱씹는 경우도 있습니다.

내 아이가 소중한 만큼 남의 아이도 소중한 법입니다. 양육자가 아이의 친구를 잘 대해주려 해도, 걱정과 염려가 너무 큰 만큼 가끔씩 불안을 느끼기도 합니다. 자기 아이만 친구들 사이에 잘 못 끼는 것 같고, 자기 몫을 못 챙기는 것처럼 보이기도 하죠. 문제의 원인을 정확히 파악해 가정에서 해결해줄 수 있는 부분을 관리해주는 것이 좋습니다. 단, 부모의 개입이 닿을 수 없는 선도 있다는 것을 인정하고 일단 자녀에게 맡겨두는 것도 필요해요.

●

집에서만 호랑이, 밖에서는 종이호랑이인 우리 아이

집에서는 호랑이처럼 큰 소리 뻥뻥 치지만, 밖에 나가면 갓난아기 같은 아이들이 있어요. 싫어도 싫다고 말을 못 하고 친구들이 하자는 대로 끌려다니는 아이들요. 마음도 한없이 착해서 혼자 분을 삭이고 상처받은 채 어른들에게 알리지도 못하죠.

수아가 그런 아이였습니다. 수아는 그림을 굉장히 잘 그리고 만들기도 잘해요. 친구들이 "수아야, 나도 이거 그려줘, 나도 이거 만들어줘." 하고 부탁하면 거절을 못 했죠. 친구들 부탁을 들어주기 싫고, 억지로 하기 싫은 마음을 감춘 채 아무 말 못 하고 있으면 친구들이 말을 이어갑니다. "이따 가지러 올게!"

그런데 수아도 집에서는 바깥에서의 모습과 다른 면을 가지고 있습니다. 자기가 하기 싫고 마음에 안 들면 당당하게 '싫어, 안 해'라면서 자기 의사를 분명하게 표현하죠. 그래서 수아의 부모는 밖에서는 자기 의사 표시를 잘 못 하는 수아가 이해되지 않았습니다.

사실 수아 같은 아이들은 굉장히 많습니다. 대부분 자라면서 자연스럽게 문제가 해결되죠. 아이 스스로 자신의 행동에서 문제점을 발견하고 더 이상 그러면 안 되겠다고 생각해 거절하는 법을 익혀요. 하지만 문제는 그런 성격이 그대로 굳어져 수동적으로 자라는 아이들입니다.

만약 우리 아이가 수아와 같다면 먼저 가정의 분위기가 어떤지 점검해주세요. 혹시 부모가 아이에게 양보나 도덕성을 지나치게 강조하고 있지 않은지, 그래서 아이가 다른 사람을 과하게 배려하고 있는 건 아닌지를 파악해야 하거든요.

"너 이러면 친구가 싫어해."

"사람 많은 곳에서는 조용히 해야 해. 목소리 줄여."

"친구랑 싸우면 안 돼. 나쁜 아이야."

"다른 사람에게 피해를 주면 안 돼. 다들 너만 쳐다보잖아."

대부분의 부모가 흔히 아이에게 주는 주의사항일 거예요. 물론 잘못된 말은 아닙니다. 하지만 아이가 여리고 섬세한 심성을 타고났다면, 부모가 주의를 주는 말을 듣고 마음에 쌓아두어 다른 사람의 눈치를 자꾸 보게 되죠. 어떤 부모는 아이가 섬세한 심성을 가진 줄도 모르고 과한 훈육을 하기도 하는데, 그렇게 윽박지르면 부작용만 더 커져요.

"집에서는 소리를 그렇게 잘 지르면서 밖에서는 모기 목소리야?"
"엄마한테 하듯이 친구한테 해봐."
"너도 쟤처럼 새치기도 해봐. 바보도 아니고 왜 그러니?"
"그래서 울었어? 너는 왜 그런 것 가지고 울고 그래?"

수아 같은 아이들은 감정을 읽어주는 것이 우선입니다. '속상했겠구나' '화가 났겠구나' '네가 안 한다고 해도 친구들은 너를 싫어하지 않아' '엄마도 예전에 그런 적 있었어' 같은 말들로 아이의 감정에 공감해주세요. 그러고 나서 아이가 자신감을 가질 수 있도록 '멋지다' '괜찮아' '최고야'라는 말로 마음을 달래주길 바랍니다.

교육기관의 도움도 받으면 좋습니다. 선생님에게 아이의 상황을 솔직하게 이야기하고 아이가 곤란한 상황에 처했을 때 중재자 역할을 부탁해보세요. 자신이 곤경에 처했을 때, 부모와 선생님이 자기 편이라는 사실을 알게 되면 아이는 안심하게 되고 점점 자기 의사를 잘 표현하게 됩니다.

●

자기가 최고인 아이, 왕따 당할까 겁이 나요

아이가 소심해도 문제가 되지만, 너무 자존감이 강해 보여도 문제가 될 수 있어요. 친구들 사이에서 잘난 척을 하거나, 뭐든 자기가 먼저 해야 한다고 생각하거나, 무엇이든 다 안다고 생각해 친구나 형제를 무시하는 모습을 보이면 양육자는 자기 아이가 왕따라도 당하지 않을까 심각하게 걱정을 하게 되죠.

사실 건강한 자존감은 자신이 소중한 만큼 다른 사람도 소중하게 여기는 마음입니다. 지금 아이들은 자존감을 건강하게 '키워나가는' 시기를 보내고 있다는 것을 기억하세요. 그러니 만약 자녀가 다른 사람을 배려하지 않는 것 같다면 가정 내에서 '칭찬'을 어떻게 활용하는지 점검해보세요.

과정보다 결과에 집중한 칭찬을 하지는 않았는지, 순서를 기다리게 하지 않고 뭐든 아이 먼저 챙겨주진 않았는지, '잘했어' '최고야'라는 말을 남발하지는 않았는지 말이죠. 칭찬은 아동의 자존감을 키워주는 명약이지만, 모든 약이 그렇듯 잘못 사용하면 효용 없이 쓰기만 한 약이 되고 맙니다.

아이들에겐 부모의 현명한 칭찬이 필요합니다. 섬세한 아이에게는 칭찬이 특히 더 필요하지만, 큰 자아상을 가지고 있는 아이에게는 결과에 집중한 칭찬이 자칫 자기중심적인 사고를 더 키워주기 쉽습니다.

"할머니가 식사 시작하시면 그때 먹는 거야. 어른들이 먼저 드셔야 하거든. (먹고 싶은 것도 꼭 참을 줄 알고, 최고야!)"

"매일 일기를 쓰니까 이렇게 글씨가 예뻐졌네. (훌륭해!)"

"친구한테 고맙다고 인사했어? 친구가 종이접기 해줬으면 고맙다고 인사해야 해. 우리 ○○(이)는 친구한테 친절해서 인기가 많나 봐. (멋지다!)"

"친구가 체험 학습 때 울었어? 그래도 놀리는 건 안 돼. 네가 넘어졌을 때 친구들이 웃으면 슬프잖아. 친구가 울면 달래줘야 해. (친구가 힘들어하면 도와주는 사람이 진짜 멋진 사람이야.)"

아이들은 자라면서 나보다 운동을 잘하는 친구, 공부를 잘하는 친구, 더 멋진 외모를 가진 친구를 수없이 만납니다. 그런 과정에서 자연스럽게 누구나 모든 것을 잘하는 것도 아니고 각자 잘하는 게 따로 있다고 생각하며 자존심도 조절하게 되지요. 하지만 아직 그런 경험이 없는 아이의 자기중심적인 사고는 바로잡아줄 필요가 있습니다. 지금 현재 아이의 공동생활을 원활하게 만들어주어 앞으로의 사회생활까지도 대비하는 것이죠.

친구와 놀고 싶어서 많이 노력하는 아이

간혹 섬세하거나 대범하지도 않은데, 부모 속을 뒤집는 아이들이 있어요. 친구와 놀고 싶어서 안달이 난 아이입니다. 왕따도 아니고 절친도 있는데 친구가 그렇게도 그리운지 허구한 날 친구네 집에 가면 안 되냐고 묻죠. 오늘은 이 친구네 집, 내일은 저 친구네 집에 가고 싶다고 조르고, 심지어 친구네 집에서 저녁까지 얻어먹고 나서도 집으로 돌아오지 않으려고 해요. 또 비싼 장난감이며 새로 산 옷을 친구에게 막 주기도 합니다.

겉으로는 별로 문제 될 것이 없어 보일 수 있습니다. 그저 친구를 많이 좋아하고 아직 아이여서 하는 철없는 행동으로 받아들이죠. 요즘은 외동아이가 많고, 많아야 두 자녀를 둔 가정이 많습니다. 집에서 같이 놀 사람이 없으면 친구를 더 애타게 찾을 수 있어요. 만약 아이의 친구 사랑을 문제라고 여기고 바로잡고 싶다면 가정의 분위기를 점검해보세요.

아이들도 어른들과 똑같습니다. 집에 마음 붙일 곳이 없으면 친구를 더 찾게 돼 있어요. 부모의 사이가 좋지 않거나, 가정에서 아이에게 무관심하면 다른 곳에서 정서적 만족을 찾으려고 하죠. 그 상대가 친구가 될 수도 있고, 어떤 사물이 될 수도 있어요. 친구는 부모와 달리

잔소리가 없어 좋은 놀이 상대가 될 수 있거든요. 자신의 물건을 주면서까지 친구와 시간을 보내는 것도 그런 이유 때문입니다.

가정의 분위기가 좋아지고 자신이 충분히 사랑받고 있다고 느낀다면 친구에게 집착하는 성향을 충분히 개선할 수 있어요. 다만 시간이 필요합니다. 부모와 좋은 관계를 일관되게 유지하는 것도 중요합니다. 억지로, 연출해서, 며칠만 좋게 지내는 것은 소용이 없어요. 아이들도 부모의 행동이 진짜인지 가짜인지 본능적으로 알아보거든요.

━━ 모든 부모가 자녀를 키우면서 많은 어려움을 겪게 됩니다. 그중 가장 큰 고민이 바로 친구 관계가 아닐까요. 친구 관계에는 정말 다양한 사정이 있고, 아이의 개성도 모두 다르기 때문에 하나의 기준을 세우기가 어렵습니다. 하지만 양육자의 관심과 돌봄이 있다면 아이가 겪는 어려움을 얼마든지 건강한 방식으로 잘 헤쳐나갈 수 있습니다. 그럼 친구 관계에서 큰 어려움 중 하나인 폭력에 대해서 다음 장에서 살펴보도록 하겠습니다.

아이가 누군가를 때렸을 때
어떻게 해야 할까

#사과할 줄 아는 아이
#폭력과 스트레스 관리법

"어머니, 유신이가 같은 반 친구와 싸워 무릎에 상처가 살짝 났어요. 크게 다친 건 아니지만 놀라실까 봐 알려드려요."

유신이 엄마는 다급히 유치원으로 달려가 아이의 바지를 걷어 살펴봅니다. 그리고 유신이를 밀어 상처 입힌 준호를 찾았죠.

"네가 어떻게 했기에 유신이가 이렇게 다쳤니?"
"유신이가 먼저 저한테 뚱뚱하고 못생겼다고 놀렸어요! 그래서 밀었어요!"

"그랬어? 그래도 때린 게 더 나빠!"

자초지종을 들었지만 유신이 엄마는 자기 아이만 감쌉니다. 그러고서 행여나 상처가 더 악화될까 봐 유신이를 꼭 안은 채 병원으로 향합니다. 상당히 작은 상처였는데도 말이죠. 아이들의 싸움 소식을 들은 준호 엄마는 그렇게 놀린 친구는 좀 밀어도 괜찮다고 준호에게 말하고 말았어요.

우리 아이가 누군가에게 맞으면 말할 수 없이 속상합니다. 이왕 다투었다면 차라리 맞기보다 때리는 게 낫다고 생각하는 부모도 있죠. 만약 옳고 그름을 정확하게 알려주지 않고 자기 아이만 감싸다 보면 아이는 다람쥐 쳇바퀴 돌듯 또 잘못을 저지르게 되고 이기심이 마음속에서 자라게 됩니다.

놀이터로 장소를 옮겨볼까요? 아이들은 모처럼 모래 장난에 여념이 없고 엄마들은 벤치에 나란히 앉아 이야기꽃을 피우고 있습니다. 그런데 갑자기 혜지가 정아의 얼굴에 모래를 던졌습니다.

"어, 이게 뭐지?"
"하지 마! 내 입에 다 들어오잖아."

정아는 하지 말라고 소리를 지르는데 혜지는 재미있다며 자꾸 던집니다. 이때 엄마들의 반응도 아이가 처한 상황에 따라 각각 다릅니다.

대체로 가해자 아이의 어머니들은 '아이들이 놀다 보면 그럴 수 있지!'라고 생각하기 쉽습니다. 반면 피해자 아이의 어머니들은 '가만두면 안 돼. 호되게 가르쳐야 다신 안 저런다'고 생각하는 편이죠. 정아 엄마도 피해자 어머니의 일반적인 반응을 보였습니다. 누가 말릴 새도 없이 자리에서 일어나 혜지에게 다가갑니다.

"혜지야! 너 지금 뭐 하는 거야? 친구한테 모래 던지면 안 돼. 너도 맞으면 기분 나쁘지?"

최대한 감정을 누른 채 상대 아이에게 말을 건넸지만, 이미 눈에는 화가 한가득인 채 혜지를 노려봤습니다. 목소리도 한껏 날카로웠죠. 정아 어머니의 반응에 놀란 혜지는 눈물을 그렁거렸고 결국 혜지 어머니도 자리를 박차고 일어났습니다. 그러고는 정아 어머니에게 애들이 그럴 수도 있지 않냐며 소리를 칩니다.

놀이터는 한순간에 아수라장이 되었지요. 네, 맞습니다. 아이들 싸움이 어른 싸움이 되고 말았습니다. 그런데 다음날 정아와 혜지는 언제 자기들이 싸웠냐는 듯 또다시 함께 웃고 즐기며 놉니다. 어머니들 사이에만 앙금이 남고 말았지요.

지금 소개한 유신, 준호, 정아, 혜지는 모두 평범한 아이들입니다. 유신이는 친구를 놀릴 수 있습니다. 준호는 자신을 보호하기 위해 유신이를 밀었고요. 정아는 친구에게 모래 세례를 받을 수도 있습니다. 혜지는 친구에게 모래를 던질 수도 있고요. 아직 남에 대한 '배려'를 잘 알지 못하는 아이들에겐 충분히 벌어질 수 있는 일이에요. 이때 양육자가 할 일은 무엇이 잘못된 것인지 구분한 다음 사과를 주고받게 하는 것입니다. 부모가 자기 아이를 편들고 다른 아이에게 잘못을 따진다면 아이들은 폭력에 대한 그릇된 가치관을 가지게 돼요. 그런 다음 부모가 해야 할 일은 아이들이 물건을 집어 던지고 친구를 때리는 이유가 무엇인지 생각하는 것입니다. 또 맞고도 가만히 있는 아이를 어떻게 지도해야 할지 생각해야 합니다.

●

아이들은 왜 친구를 때릴까?

아이들이 폭력성을 보이는 데는 크게 네 가지 이유가 있습니다.

첫째, 폭력성에 노출됐기 때문입니다. 가정이나 유치원에서 사람을 '때리는 것'을 자주 본 아이는 폭력에 무뎌진 태도를 갖게 돼요. 쉽게 말해 '때려도 괜찮다'는 생각이 머릿속에 각인되는 것이죠. 폭력적인 내용을 다루는 미디어도 한몫합니다. 텔레비전이나 유튜브 등을 통해 자극적인 콘텐츠를 자주 본다면 아이는 사람에게 손을 대는 것을 더 쉽게 생각하게 됩니다. 부모에게 '맞은 경험'이 있는 아이라면 그 영향력을 더욱 무시할 수 없습니다. 이때는 환경을 조정하는 것이 최우선입니다.

둘째, 의사 표현에 미숙하거나 단순히 재미있기 때문입니다. '나는 네가 좋아' '같이 놀자' 같은 표현을 제대로 하지 못해 괜히 친구의 몸을 쿡쿡 찌르고 머리를 잡아당기는 아이들이 여기에 해당됩니다. 만약 친구가 화를 내면 민망해서 더 장난을 치거나 자기도 같이 화를 내기도 합니다. 이렇게 표현이 미숙한 아이들에게는 자기 의사를 제대로 표현하는 방법을 지속적으로 알려줘야 합니다. 또 반응이 큰 친구, 가령 볼을 콕 찔렀는데 소스라치게 놀라거나 큰 몸 동작을 보이며 놀라는 친구를 보면 그 반응이 재미있어서 장난을 더 심하게 치고 발로 차는 행동까지 하는 아이도 있습니다. 이런 행동은 반드시 바로잡아줘야 합니다. 자신은 재미로 하는 장난이지만 친구는 싫어한다는 것을 단호하게 알려줘야 합니다.

셋째, 스트레스가 심하기 때문입니다. 가정에서 공부로 압박을 받는 경우, 엄마와 아빠 사이가 나빠 불안을 느끼는 경우, 아이는 말로 표현하지 못하는 스트레스를 받고 마음속에 간직합니다. 그런 상황에서 친구를 만나면 어른을 상대하는 것보다 쉽게 자기 감정을 표현할 수 있으니 몸으로 자신의 분노를 표출하는 것이죠. 만약 부모 사이가 나빠 아이에게 안 좋은 영향을 미친다고 판단이 된다면, 가정 내 관계 개선이 먼저 이뤄져야 합니다.

넷째, 아이가 자기중심적인 성격을 갖고 있기 때문입니다. 대부분의 아이는 아직 사회성이 부족해 다른 사람을 먼저 생각하지 못합니다. 유달리 자기중심적 기질이 강하고 관계 속에서 지배하려는 성격을 가진 아이라면 다른 친구의 입장을 이해하지 못하고 이해하려 들지도 않습니다. 그런 아이들은 자기 뜻대로 되지 않으면 상대방을 때려서라도 자기 의견을 관철시키려 해요. 부모는 자기 아이의 성격을 객관적으로 살펴볼 수 있어야 합니다. 아이가 자기중심적인 성향이 짙다면 지속적으로 남의 입장을 생각하는 법을 알려주세요. 그리고 만약 자기 아이가 다른 친구를 때렸다면 그 친구를 찾아가 사과하는 경험을 시켜주세요.

●

집에서는 순한데 밖에 나가서 친구를 때리는 아이

부모들은 아직 아이가 사회생활을 경험하지 않았으니, 스트레스가 크지 않을 거라고 생각하기 쉽습니다. 분명 아이들도 다양한 이유로 스트레스를 받습니다. 다만 아직 자기가 스트레스를 받는 것인지 몰라

말로 설명하지 못할 뿐, 마음속에 많은 스트레스를 안고 살고 있는 것인지도 모릅니다. 요즘은 가족 상담이 보편화되면서 많은 가정에서 상담을 받습니다. 그 과정에서 부모들은 "어머, 우리 아이에게 이런 불만이 있었어? 이런 스트레스가 있었어?" 하며 깜짝 놀라는 경우가 많아요.

아이가 가정 내에서 받은 스트레스는 가정 내의 문제를 해결하면 어느 정도 해소가 되겠죠. 문제는 그런 스트레스를 친구들에게 푸는 아이들이 있다는 것입니다. 우리 아이가 그렇게 괜히 친구들에게 스트레스를 푸는 아이는 아닌지 살펴보고 그 원인을 해결해야 합니다. 가정 내 분위기 관리와 더불어 아이가 스트레스를 마음껏 풀 수 있도록 출구도 만들어주세요. 운동도 좋은 방법입니다. 그리고 친구를 때리는 행동은 결코 해서는 안 되는 나쁜 일이라는 인식을 지속적으로 알려주세요. 아이가 때린 친구에게 찾아가 제대로 사과하도록 지도하는 것도 잊지 마세요.

방어 행위로 때리는 아이

장난감을 뺏거나, 놀리는 친구의 행동에 대한 방어 목적으로 친구를 때리는 아이들이 있습니다. 자신을 지키기 위해 상대방을 발로 차거나 무는 행위를 하는 것이죠. 이런 일이 가장 대처하기 힘듭니다. 사람을 때리는 것은 나쁜 일이지만, 그렇다고 무조건 덮어놓고 아이에게 참으라고 할 수도 없는 일이니까요.

우선 아이가 친구를 때린 원인을 찾아야 합니다. 그런 다음 아이의 마음을 위로하면서 행동도 바로잡아주세요.

"속상했겠다. 놀리는 건 나쁜 거야. 그렇지? 그런데 속상한 건 말로도 할 수 있어. '안 돼, 하지 마.' 이렇게 말로 해도 충분해. 다음에는 말로 하자."

사실 자기 아이의 아픔을 생각하는 부모 입장에서는 "걔가 맞을 짓을 했네. 잘 때렸어!" 하고 싶은 마음이 굴뚝같을 겁니다. 만약 자신이 누군가를 때린 행위에 부모가 긍정의 메시지를 보내면 아이는 다음번에도 누군가를 '때려도 괜찮다'고 생각하면서 점점 더 쉽게 폭력에 익숙해질 수 있어요.

슬프고 분한 아이의 마음은 공감해줘도 폭력은 나쁜 행위라는 것을 알려줘야 합니다. 친구를 때렸다고 나무라서도 안 됩니다. 자신을 지키기 위한 행동을 한 것인데, 그런 아이를 나무란다면 자신을 어떻게 보호해야 할지 판단하기 어렵거든요. 아이가 속상해하는 속마음을 진지하게 들어주고 공감해주면서 폭력이 아닌 대화로써 대응하도록 이끄는 것이 먼저입니다. 그리고 상대 부모와 교육기관에 상황을 설명하고 아이들끼리 사과를 주고받도록 이끌어주세요.

●

맞고도 가만히 있는 아이

만약 아이가 밖에서 친구들에게 맞았는데, 아무런 대응도 하지 못하고 눈물만 뚝뚝 흘린다면 어떨까요? 아마 어떤 부모라도 속상할 겁니다. 차라리 때리고 들어오면 좋겠다고 생각하는 것도 무리는 아니에요. 그런 아이를 보고 나서 억장이 무너져 베개에 대고 화풀이하는 법을 가르치는 부모도 있습니다. 또 병원비 물어줄 테니 걱정 말고 자신을 때린 상대방에게 펀치를 한 방 날리라고 하는 부모도 있죠.

하지만 눈물을 뚝뚝 흘리는 아이라면 마음이 여리고 착해서 그럴 수 없고, 또 그래서도 안 됩니다. 이런 아이들에게는 응원이 가장 필요한 치료제입니다.

"누구도 너를 때릴 수 없어. 만약 누군가가 너를 때린다면 그 친구 눈을 똑바로 보고 '하지 마!' 하고 소리 쳐. 그래도 돼. 그리고 엄마랑 선생님한테 알려줘. 그래야 너를 도와줄 수 있어."

아이는 자신의 마음을 안심하고 표현할 기회가 필요해요. 누군가에게 맞고도 가만히 있는 아이는 대부분 상대의 입장을 생각하는 배려심 많은 아이이거나, 때리는 것이 나쁜 것을 아는 아이입니다. 내성적인 아이들도 마찬가지예요. 자기를 보호해야 할 순간에도 다른 사람 입장을 먼저 생각해서 참는 아이들이죠.

만약 아이가 친구에게 맞고 집에 돌아온다면 우선 아이의 마음을 위로해주세요.

"함께 때리지 않은 건 잘했어. 때리는 건 나쁜 거니까. 그런데 다음에 또 때리면 엄마랑 연습한 것처럼 '하지 마! 말로 해!' 하고 큰 소리로 말하자. 꼭 말해야 해. 싫다고 말하는 건 나쁜 게 아니야. 너를 지키는 일이야."

그런 다음 교육기관과 상대 양육자에게 상황을 정확하게 알리고, 아이가 사과를 받을 수 있도록 정리를 해주세요. 자신이 잘못한 것이 없는 일에 대해 사과를 받으면 아이도 다친 자존심과 자존감을 조금이나마 회복할 수 있고, 자기 편을 들어주는 부모와 선생님을 신뢰할 수 있어요. 또 자신을 때린 친구와도 긍정적 관계를 이어갈 수 있습니다.

●

때린 아이에게도, 맞은 아이에게도 중요한 사과

사과는 사건을 종료하는 마침표이자 새로운 관계의 시작과도 같아요. '애들이 그럴 수도 있지' 하며 그냥 대충 넘어간다면 아이들은 잘 잘못을 깨닫지 못하고 상대의 기분을 헤아리지 못하거든요.

아이들 사이에서 다툼이 일어났다면 일단 아이 마음을 진정시킨 다음, 교육기관과 상대 양육자에게 상황을 알리고 사과를 주고받도록 합니다. 만약 상대 양육자가 거절하거나 연락이 닿지 않는다면 교육기관 안에서 사과를 주고받을 수 있도록 조치를 부탁하세요. 단, 아이가 그 상황에 대해 부담을 느끼지 않도록 무겁지 않은 분위기를 만들어줘야 합니다.

"때려서 미안해. 이제 안 할게. 우리 계속 같이 놀자."
"나도 놀려서 미안해. 우리 같이 놀자."

의외로 아이들의 사과는 간단하고 명료할지 모릅니다. 시쳇말로 쿨하기 이를 데 없어요. 그리고 그 안에 모든 내용이 다 들어 있습니다. 어쩌면 어른들의 사과보다 더 진심이 담겨 있고, 뒤끝도 없고요.

우리 아이가 잘못을 했을 때 보호하기만 하면 아이는 사과하는 방법을 모르고 자랍니다. 반대로 누군가의 사과를 받아들이는 법도 모르게 되죠. 아이들은 서로 사과를 주고받으면서 다투었던 아이와 화해하고 좋은 친구로 발전하는 기회를 갖게 됩니다. 이런 경험들이 쌓여 앞으로 맺을 인간관계의 단단한 주춧돌이 되는 것이고요.

다른 아이의 부모와
현명하게 지내는 법

#육아라는 공통 과제
#믿음, 신뢰, 공감

조용한 리더십을 가진 여운이라는 아이가 있습니다. 엄마들 사이에서 여운이의 별명은 '여우'예요. 하지만 여운이는 어른들이 생각하는 여우와는 상당히 거리가 멉니다. 착하고 차분하며 똑똑한 아이지요.

보통 착하고 똑똑한 아이는 친구들 사이에서 인기가 많아요. 친구를 배려할 줄 알고 잘 놀아주거든요. 똑같은 놀이를 해도 상상력을 발휘해 다양하게 변형해가며 놀 줄 알죠. 그래서 주변 친구들은 여운이와 함께 놀면 같은 술래잡기도 여러 방식으로 바꿔가면서 할 수 있어서 재미가 있다고 말해요. 그런 만큼 여운이는 친구들 사이에서 인기가 많았습니다.

또 여운이는 나쁜 말을 하지 않으면서 주변 사람들을 이끄는 능력을 가졌습니다. 곤란한 상황에 처해도 불만을 말로 표현하기보다 표정으로 은은하게 전달하는 편입니다. 그러면 친구들이 나서서 "무슨 일이야? 야, 여운이 힘들잖아. 여운이한테 그런 거 왜 시켜, 선생님!" 하며 여운이를 대신해 일을 해결해주기도 해요. 별다른 말을 하지 않아도 무엇이든 자기가 생각한 대로 이뤄내죠.

보통 주변에서 자신의 뜻대로 움직여주지 않으면 "아, 안 해, 싫어." 하면서 부정의 의사 표현을 하기 마련이죠. 그런데 여운이는 그렇게 안 해도 표정 하나로 눈치 빠른 친구들이 해결해주니 굳이 말할 필요가 없습니다. 그런 면을 보고 엄마들이 '여우'라는 별명을 붙여준 것이에요.

그런데 여운이를 두고 몇몇 엄마들이 수근거립니다. 왠지 자기 아이가 여운이의 심부름을 하는 것 같다면서요. 자기 아이들에게 "여운이 말고 다른 친구는 별로야?" 하고 은근히 물어보기도 해요. 정작 엄마들은 여운이가 착하고 친구들의 기분도 헤아릴 줄 아는 아이라는 것을 잘 알지 못합니다. 그런 점 때문에 여운이 엄마는 속상했어요.

여운이 엄마는 오해를 풀기 위해 엄마들 모임에도 참여해봤지만 쉽게 어울릴 수 없었습니다. 모두 마음의 문을 꽉 닫아버렸으니 그럴 수밖에요. 여운이 친구들을 집으로 초대해 떡볶이 파티를 해줘도, 키즈 카페에 데려가줘도 고맙다는 인사를 좀처럼 듣질 못했습니다. 몇 번 그러다 보니 여운이 엄마도 함께 어울리는 걸 포기해버리고 말았고요. 몇 집이 함께 수영장을 가거나 캠핑을 가는 데도 섞이지 못하게 됐지요.

자녀의 인간관계에 양육자가 개입하는 것은 흔한 일입니다. 부모들끼리 친하게 지내서 아이들도 친하게 지내는 경우도 있고, 아이들이 친하게 지내다 보니 부모들이 왕래하는 경우도 있어요. 부모와 아이가 모두 교류하는 것은 물론 좋은 일입니다. 하지만 모든 관계가 그렇듯 양이 있으면 음도 있기 마련이에요.

부모가 보기에 아이 친구가 자기 아이와 맞지 않는데 아이가 일방적으로 좋아할 수 있어요. 그 아이의 부모를 만나봤는데 하필이면 그 엄마와도 성격적으로 맞지 않고 공통점도 하나 없다면 정말 곤란하겠죠. 아이를 봐서 억지로 친해 보려고 애써봐도 도저히 어쩔 수 없는 경우가 있잖아요. 그런 경우 참다못해 결국 아이한테 이렇게 말하게 됩니다.

"걔 말고 다른 친구랑 노는 건 어때?"

아이를 통해 부모도 새로운 친구를 사귀게 되면, 급한 일이 있을 때 아이를 맡길 수도 있고 함께 놀러 갈 수도 있으니 참 좋습니다. 하지만 사람이 여럿 모이게 되면 분란이 일어나기 마련이지요. 그래서 엄마들이 가장 많이 털어놓는 고민 중 하나가 바로 "엄마들끼리 모이는 게 제일 힘들어요!"예요. 아이를 위해서라면 모임에 나가야 요즘 엄마들이 나누는 육아 정보도 얻을 수 있을 텐데 좀처럼 친해지기 힘들고 친해지기 싫은 경우는 누구에게나 있습니다.

사람들이 모여 '무리'를 만들면 그 안에서 편이 갈리고 유난히 튀거나 마음이 안 맞는 사람을 걸러내고 싶은 게 인간의 본능이에요. 그래야 자신이 안전하다고 느끼기 때문입니다. 하지만 아이들이 모인 무리에서까지 양육자가 나설 필요는 없어요. 아이들은 그들 나름의 기준으로 이미 모임의 규칙을 만들고 있으니까요. 그리고 지금은 누군가를 배제하고 싶을 때 '예의'를 갖추는 걸 배우는 시기입니다. 누군가에게 거절당했을 때 의연하게 받아들이고 극복하는 법을 배우는 시기입니다. 이때 양육자가 끼어든다면 매우 좋지 않은 시범을 보이는 꼴이 됩니다.

저는 엄마들의 모임에 이런 제안을 하고 싶어요. 아이를 통해 만나는 다른 양육자를 모두 '직장 동료' 정도로 생각하라고요. 직장 동료는 함께 일하고 밥도 함께 먹는 가까운 사이이지만 예의를 갖추어야 하는 타인입니다. 직장에서는 조금만 말실수를 해도 곤란한 상황이 벌어지곤 하죠. 또 온종일 붙어 있다가도 퇴근 후에는 좀처럼 연락을 하지 않죠. 그게 모두 서로의 사생활을 존중해야 하기 때문입니다.

하지만 직장 동료도 세월과 믿음이 쌓이면 좋은 친구가 될 수 있다는 것을 기억하세요. 서로 배려하고 이해하려 노력한다면 평생의 벗이 될 수도 있습니다. 육아라는 공통의 과제를 같은 시기에 짊어지고 있는 양육자라면 누구보다 자신의 마음을 공감해줄 만한 사람들이잖아요.

서로의 양육 방식을 존중하고 예의만 갖춘다면 '또래 엄마'들과 어울리는 것은 결코 어려운 일이 아닙니다. 저 집은 아이한테 신경을 안 쓰니까, 저 집은 부부 사이가 별로니까, 저 집은 생각하는 게 나와 다르니까, 하는 편견을 갖지 마세요. 그 대신 동료이자 동지로서 생각하고 한발 물러나 서로를 존중해보길 바랍니다.

사람 사이를 가로막고 있는 벽은 어느 한순간 사라지기도 합니다. 2000년대 초, 큰 인기를 끌었던 미국드라마 〈섹스앤더시티〉에 비슷한 장면이 있습니다. 주인공 중 한 사람인 미란다는 아기를 혼자 키우고 있었어요. 하루는 아기가 건물이 떠나갈 듯 우는 바람에 곤란을 겪고 있었습니다. 아기의 울음소리에 놀란 이웃이 찾아왔고, 미란다는 그 이웃에게 자초지종을 설명하며 미안하다고 말합니다. 그러자 이웃은 자기도 아기가 있다면서 자기 아기의 이름을 알려주고는 곧바로 흔들의자를 갖다줬어요. 그러면서 미란다의 주변에도 아기를 가진 이웃이 있다는 것을 일러주죠. 다행히 미란다의 아기는 흔들의자에 누워 잠이 들었습니다.

미란다는 자신의 어려움을 이웃의 엄마에게 말했고, 그 엄마는 지체없이 미란다를 도와주었어요. 이처럼 우리는 아이를 키우면서 수없이 많은 난관과 도움의 순간을 만나게 됩니다. 우리의 아이가 아기였던 시절, 유아차가 돌부리에 걸려 낑낑대고 있을 때 우리를 도와준 것도 주변의 아기 엄마들이고, 우리 아이가 놀이터에서 갑자기 놀라 대성통곡을 하고 있을 때 주변에서 달래주는 것도 대부분 생면부지의 아기 엄마들이에요. 그런 순간들을 떠올려보면서 함께 어려움을 겪고 있는 주변의 엄마들을 너그럽게 이해하고 육아의 장애물들을 헤쳐나가길 바랍니다.

왜 아이들은 어른을 만나면
뒤로 숨을까

#예의 바른 아이

#아이 스스로 인사하는 법

오늘은 일곱 살 다은이가 좋아하는 고모가 집으로 놀러오는 날입니다. 다은이는 계속 "고모 언제 와?" 하며 목이 빠지게 기다렸어요. 고모는 다은이가 좋아하는 공기놀이를 몇 시간이고 지겨운 내색 없이 같이 해주고 장난감도 잘 사주거든요. 드디어 기다리고 기다리던 고모가 초인종을 누릅니다. 다은이 엄마도 얼른 다은이와 함께 현관 앞에서 고모를 맞이합니다.

"다은이 안녕! 잘 있었어?"

그런데 왠일인지 다은이가 대답도 하지 않고 엄마 뒤로 숨어서 배시시 웃기만 합니다. 그렇게 기다리던 고모가 왔는데 말이죠.

"다은아, 고모가 잘 있었냐고 물으시잖아. 인사해야지!"

다은이는 딴청을 피우며 집 안으로 들어가 공깃돌만 찾습니다. 다은이의 반응에 어색해진 엄마는 "원래 인사 잘하는데 오늘따라 이러네요" 하면서 상황을 무마합니다. 고모는 아이가 그럴 수도 있다며 웃어넘기지만 엄마는 아무래도 민망합니다. 평소 잘하던 인사를 하필이면 고모가 왔을 때 생략하다니요.

친지나 어른들을 만났을 때, 유치원에 가거나 집에 돌아왔을 때 아이들이 인사를 잘하면 참 기특하고 예쁘지요. 인사야말로 예의범절의 시작이므로 웬만한 가정에서는 인사하는 습관을 길러주기 위해 많이 애를 씁니다. 그런데 이 인사라는 것이 참 묘해서 아이들은 늘 잘하다가도 어느 순간 어색해하기도 합니다. 다섯 살 때까지는 너무나 예쁘게 큰 소리로 인사하던 아이가 일곱 살이 되자 쭈뼛쭈뼛하며 엄마와 아빠 뒤로 숨기도 해요. 그럴 때 부모들은 자신들이 가르친다고 가르쳤는데 왜 갑자기 아이가 그러는지 알 수 없어 알쏭달쏭하기만 합니다. 심지어 버릇이 나빠진 건 아닐지 걱정되기도 하고요.

아이들은 일곱 살 정도가 되면 '자아'가 강해집니다. 미운 일곱 살이란 말이 있는 것도 그 때문이에요. 그 시기에는 자기 생각과 주장이 생기면서 자기 주도성도 자라게 됩니다. 그래서 떼를 쓰는 모습도 많이 보이고, '싫어!'라는 말도 자주 합니다. 자기 생각을 논리적으로 정리해 표현할 수 있게 되기도 하지만, 다른 사람의 감정이나 입장을 공감할 수 있는 능력도 갖게 돼요. 더불어 사회성도 강화되면서 엄마나 아빠보다는 또래 집단을 더 좋아하게 되기도 합니다. 하지만 심각하게 생각할 것 없습니다. 드디어 유아기를 끝내고 아동기로 접어드는 시기라는 걸 의미하니까요.

스위스의 심리학자이자 인지 발달 연구의 선구자인 장 피아제Jean Piaget는 인간의 인지 발달을 4단계로 구분했습니다. 1단계는 0~2세의 감각 운동기, 2단계는 2~7세의 전조작기, 3단계는 7~11세의 구체적 조작기, 4단계는 11세 이후의 형식적 조작기입니다.

1단계인 감각 운동기(0~2세)에는 아이들이 신체 활동에 주목합니다. 반사 능력을 익히고 몸으로 재미있는 활동을 하는 데 관심을 둡니다. 2단계인 전조작기(2~7세)에는 자기중심적인 성향이 대표적입니다. 또 직관적 사고와 모방을 통해 세상을 탐구해요. 3단계인 구체적 조작기(7~11세)는 논리적 사고가 가능한 시기입니다. 이제 자기중심적인 생각에서 벗어나 다른 사람의 생각도 가능하고 시간과 숫자의 개념도 알게 되는 시기죠. 4단계인 형식적 조작기(11세 이후)는 사춘기에 해당됩니다. 추상적인 것들을 이해할 수 있고 생각 속에 숨어 있는 함축적 의미도 알아낼 수 있게 돼요.

여기서 다은이와 같은 일곱 살을 주목해볼까요? 일곱 살 정도의 아이는 모방과 자기중심적 사고에서 벗어나 '논리적'인 생각을 시작하는 나이입니다. 한마디로 자기 생각이, 자기 판단이 생겨나는 시기인 거죠. 이전까지는 양육자가 가르친 대로 어른들을 만나면 배꼽인사를 하던 아이가 이제 '인사해도 되나? 내가 하면 저 사람이 좋아할까?' 하고 생각하기 시작한 거예요. 물론 자녀가 예의 바르게 인사하는 것은 굉장히 중요한 습관이므로 잘 지도해야 합니다. 하지만 인사를 잘하던 아이가 갑자기 인사를 안 한다고 마냥 나무랄 일이 아니라는 것을 말씀드리고 싶어요. 지금 우리 아이는 버릇이 없는 게 아니라 조금 자랐기 때문에 자기 판단을 시작한 거예요. 아이가 자기중심적인 생각에서 벗어나는 시기에 접어들면 지금 아이가 처한 상황을 이해하고 다시금 인사에 대해 알려줄 필요가 있습니다.

●

양육자가 먼저 인사하면서 모범을 보여주세요

아파트에서 생활하는 가정이 많은 덕분에 이웃 주민을 엘리베이터에서 많이 만나게 됩니다. 그리고 상가에서도 많이 만나게 되죠. 그렇게 엘리베이터에서 이웃을 만났을 때, 상점에 들어가 물건을 사며 상인을 만났을 때, 친척집에 방문했을 때 양육자가 먼저 인사를 공손하게 하는 모습을 아이에게 보여주세요. 아이가 이미 인사하는 법을 알고 있더라도 양육자가 시범을 지속적으로 보여줘야 합니다. 우리 아이가 어른들을 무조건 따라 하는 모방기일 수도 있고, 자기 판단을 하는 시기일 수도 있어요. 이때 변함없는 모범이 자녀에게는 무엇보다 중요한 모델이 됩니다. 아이들은 양육자가 인사하는 모습을 보면서 '이때라면 이렇게 인사하면 되는구나' 하면서 예의범절을 배웁니다. 그러니 자녀의 인사 습관을 다시 잡아줄 때는 양육자의 모습을 먼저 점검하길 바랍니다.

●

수줍음이 많은 아이에게는 인사할 기회를 주세요

평소 인사를 잘하는 아이가 인사를 생략하게 되는 것도 관심을 가져야 하지만, 수줍음이 많은 아이에게도 관심을 가져야 합니다. 인사를 하려고 했는데, 머뭇머뭇 주저하다가 그만 '타이밍'을 놓치는 경우가 많거든요. 어른을 만나면 인사해야 한다는 걸 알고 있지만, 부끄러운 나머지 머뭇거리다가 그 순간이 지나가버렸기 때문이에요. 이때 "어머, 왜 인사를 못 하니? 인사하는 거 잊어버렸어?" 하고 아이를 다그치면 아이의 성격상 더 위축됩니다. 만약 손님이 오셨을 때 인사를 못

했다면, 손님이 가실 때 인사를 하도록 기회를 만들어주세요. 손님이 집을 떠나려 할 때 아이를 불러 "○○(이)가 인사한대요, 안녕히 가세요." 하면 수줍음 많은 아이도 인사할 기회를 얻게 됩니다.

●

억지로 시키거나 혼내지 마세요

어른들도 인사를 하는 데 쑥스러울 때가 많죠. 처음 만나는 사람에게 어떻게 인사해야 할지, 예의를 갖춰야 하는 자리에서 공손하게 인사하는 법이 무엇인지 잘 모를 수 있잖아요. 아이도 마찬가지예요.

특히 아이가 인사를 해야 하는 대상은 낯선 사람이거나 평소에 자주 못 만나는 사람이 대부분일 겁니다. 그러면 누구라도 두렵고 어색할 수 었어요. 이때 억지로 인사를 강요하거나 낯선 사람 앞에서 혼을 낸다면 아이들은 그런 상황을 더욱 경계하고 점점 더 부담으로 느끼게 됩니다.

앞으로 아이가 자라면서 인사할 기회는 굉장히 많습니다. 오늘 인사를 제대로 못 했더라도 내일 다시 인사를 제대로 하면 됩니다. 아이가 오늘 인사를 생략했다면 그 상황을 크게 만들지 말고 "애가 좀 부끄러운가 봐요." 하면서 넘어가도 됩니다. 그리고 다음에 인사를 잘했을 때 칭찬해주면서 인사에 대한 두려움을 없애야 합니다.

가끔 아이가 작은 목소리로 인사를 할 때가 있죠. 그때 양육자가 아이의 인사를 듣지 못하고서 "너 또 인사 안 해?" 하며 혼낼 수도 있어요. 그럼 어렵게 용기를 내 인사를 한 아이는 억울할 수밖에 없겠죠. 아이가 "인사했는데 엄마가 못 들었잖아요."라고 말할 때 자신이 못 들은 것은 생각지도 않고 "그러니까 큰 소리로 똑바로 하란 말이야." 하면서 면박을 주면 안 됩니다.

기억하세요. 부모가 어른이라는 이유로 아이의 말을 묵살하고 자신의 실수를 얼렁뚱땅 넘어가면 결코 좋은 부모가 될 수 없습니다. 늘 자신의 실수를 인정하는 모습을 보여주세요. 그럴 때는 "아, 미안해. 엄마가 못 들었어." 하고 사과한 다음, 아이의 인사를 잘 살펴봐줘야 합니다. 때로는 양육자의 진심과 용기 가득한 사과도 필요한 법입니다.

모든 아이가 인사를 잘하고 존댓말도 잘 쓰면 너무 좋겠지만, 지금 아이들은 인사하는 법과 예의를 배우고 있는 중이에요. 누구나 무언가를 배울 때를 돌이켜 생각해보면 잘할 때도 있고, 못할 때도 있습니다. 또 자기 생각이 생기기 시작하면 제 나름의 판단을 통해 자기 주장을 조절하기도 하죠. 그 상황을 이해하면서 자녀가 예의 바르고 품위 있는 성인으로 자랄 수 있도록 도와주길 바랍니다.

━ 아이가 어릴 때에는 양육자의 훌륭한 모범과 단단한 주도권이 반드시 필요합니다. 부모들은 일관된 모습과 올바른 훈육을 통해 아

이에게 단 하나뿐인 롤모델이 될 수 있어야 합니다. 엄마와 아빠가 먼저 활기차게 인사하고, 아이의 이야기에 귀를 기울여주세요. 언제나 아이가 안심하고 자신의 이야기를 털어놓을 수 있는 기회를 만들어주세요. 이따금 아이가 잘못한 부분이 있다면 부드럽게 타이르고 일러주면서 기다려주길 바랍니다. 그렇게 좋은 롤모델을 보고 자란 아이는 분명 품격 있는 어린이, 당당한 어린이가 되어 세상에서 환영받게 될 거예요.

입을 꼭 다문 아이의
속마음을 엿보는 법

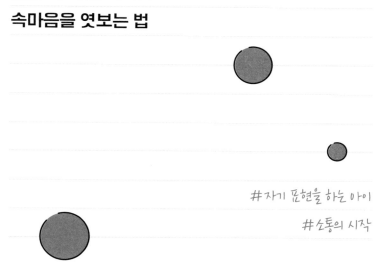

#자기 표현을 하는 아이

#소통의 시작

인사보다 더 주의 깊게 살펴봐야 할 소통의 방식은 바로 대답입니다. 가끔 부모님이 불러도 선생님이 불러도 대답 없이 배시시 웃거나 딴청 부리는 아이들이 있어요. 이런 아이들은 속마음을 알 수 없어 대하기가 굉장히 어렵습니다.

유치원에서도 말을 잘 안 하는 아이들이 종종 있습니다. 가만히 살펴보면 그런 아이들은 자신이 원하고 필요한 걸 말하는 대신 침묵으로 표현하거나 끙끙대면서 자신이 원하는 것이 이뤄지길 하염없이 기다립니다. 선생님이나 어른들이 알아서 자신에게 불편한 걸 없애주고 상황을 해결해주길 바라는 거예요. 유치원에서는 그런 태도가 별문제가 아닐 수 있어요. 만약 습관으로 굳어버린 상태에서 학교에 입학하면 문제가 될 수 있죠. 학교에서는 자기 의사를 직접 표현해야 하니까요.

아이들이 말을 안 하는 원인은 다양합니다. 가정에서 양육자가 아이가 원하는 걸 미리미리 눈치채고 해결해줬기 때문일 수도 있고, 아니면 자신의 의견이 자주 묵살당해서 아이 스스로 말하는 걸 회피하는 것일 수도 있습니다. 때로는 그저 아이가 고집이 세서 그럴 수도 있고요.

이런 상황을 바로잡고 싶다면 먼저 아이의 마음과 상황을 알아봐야 합니다. 아이가 내성적이고 수줍음이 많아서 그런지, 화가 나서 그런지, 귀찮아서 그런지, 엄마 아빠가 아이 말을 자주 무시해서 그런지를 알아야 하지요. 그런데 이런 것도 말을 해야 알 텐데 이유조차 말을 안 하면 도돌이표처럼 상황은 되풀이될 뿐입니다. 그래서 면밀한 관찰이 필요합니다.

●

수줍음이 많다면 발언권을 자주 주세요

만약 자녀가 수줍음이 많고 마음이 여려서 자기 표현을 꺼린다면 아이의 마음을 안심시키고 재촉하지 말아야 합니다. 말을 잘 안 하는 아이들은 대체로 성격이 느긋한 편이에요. 그런 아이들에게 "어른이 불렀으면 빨리빨리 대답을 해야지." "너 친구들하고도 말 안 해? 그럼 바보야!" 하고 윽박지른다면 말할 타이밍을 놓치고 조개처럼 입을 꼭 다물어버릴 가능성이 커요. 이런 아이들에게는 윽박지르지 말고 조금이라도 자신의 의견을 말하도록 이끌어주세요. 그리고 아이의 의견을 존중하고, 수용해줘야 합니다. 엄마와 아빠는 네 편이고 어떤 말을 해도 괜찮다는 믿음도 줘야 해요. 그리고 가정에서 그동안 아이에게 발언권을 주었는지, 혹시나 아이의 의견을 무시하지는 않았는지 되짚어봐야 합니다. 그뿐만 아니라 마음이 여린 아이들이 자기 표현을 잘하기까지는 시간이 필요하니 느긋하게 기다리면서 계속 기회를 줘야 해요.

●

귀찮아서 대답을 안 한다면 단호하게 훈육하세요

아이가 묵묵부답일 때, 아무 이유 없이 단지 귀찮아서 대답을 안 하는 것이라면 원인과 대처 방법이 다릅니다. 유치원 생활도 잘하고 씩씩한데 가끔 자신의 의견을 관철시키기 위해 일부러 말을 안 하거나 웃음으로 무마하는 아이들이 있어요. 그런 아이들에게는 훈육이 필요합니다. 선생님이나 부모의 말을 듣고도 일부러 대답을 안 하고, 심지어 못 들은 척하고, 엄마나 아빠가 대신 해줄 때까지 기다리면서 힘겨루기를 하는 아이에게는 단호하게 "말로 해야 해. 말로 할 수 있지?" 하면서 공손하게 의견을 표현하도록 훈육해야 합니다.

그리고 어른의 행동도 말과 일치시켜야 해요. 아이가 말로 원하는 것을 표시했을 때 음식을 내어주고, 장난감을 꺼내줘야 합니다. 간혹 아이가 말을 하지 않고 꾸물거리는 것을 보다 못한 양육자가 이번에는 아이를 혼냈다가 다음에는 그냥 넘어가고, 아이에게 필요한 것들을 알아서 해주면 훈육의 효과가 떨어집니다. 언행일치가 되지 않으면 아이도 방향을 잡을 수 없어 계속 입을 열지 않을 수 있어요.

아이가 입을 열지 않아도 큰 문제가 아니까, 다른 사람에게 피해 주는 게 아니니까 하면서 부모가 그냥 넘어가면 아이는 점점 침묵을 무기처럼 사용합니다. 가정에서는 큰 문제가 되지 않아도 이런 습관이 들면 결국 친구들 사이에서 침묵하고, 유치원에서도 침묵하게 돼요. 가정보다 더 큰 세상에 아이가 혼자 남겨졌을 때 문제가 될 수 있으니 가정에서 문제를 발견하면 단호하게 대처해야 합니다.

어른들이 아이를 부르면 예쁘고 당차게 "네!"라고 대답하고, 필요한 것을 공손히 요구하고, 자기가 하기 싫은 일에는 당당하게 "싫어!" 하고 말하도록 가르치는 것은 굉장히 중요합니다. 가장 기본적인 자기 표현이니까요.

자기의 의사를 표현하고 상대방의 반응에 호응하는 것이 습관이 되지 않으면 친구들 사이에서 문제가 생기기 쉽습니다. 자기는 놀기 싫은데 거절을 못 하고, 친구에게 장난감을 뺏겨도 그러지 말라는 말을 못 하는 경우가 생길 테니까요. 대답조차 잘하지 못하던 아이가 "하지 마, 내 거야! 친구 거 가져가지 마!"처럼 자기 의사를 당당하게 표현하기란 매우 어려운 일입니다. 그저 친구들의 행동을 멍하게 바라보면서 체념하거나 혼자 토라질 뿐이에요.

아이가 대답을 잘하지 않는 게 큰 문제가 되는지 의아하게 생각할 부모도 있을 겁니다. 네, 문제가 맞습니다. 대답은 소통의 시작이며 표현의 시작이에요. 자기 의사를 말로 표현하지 않았던 아이들은 자기가 무슨 요구를 해야 하는지 몰라서 그럴 때가 상당히 많습니다. 양육자가 아이를 계속 살펴보면서 필요한 것들을 바로바로 채워주다 보니 따로 말을 할 필요가 없었던 것이죠. 그래서 자신이 원하는 게 무엇인지조차 알지 못했던 것이고요. 하지만 아이들이 살아가야 할 세상에는 부모처럼 알아서 해주는 선생님과 친구가 없습니다.

말을 하지 않고 침묵으로, 표정으로, 울음으로 표현하는 아이들에게는 "말로 해야 해." "대답 듣고 나서 할 거야." "네 마음이 뭔지, 뭐가 하고 싶은지 말을 해야 다른 사람도 알 수 있어."라고 지속적으로 일러주세요. 무엇보다 작은 목소리, 몇 마디의 단어라도 자녀의 말에 귀를 기울이길 바랍니다. 입을 꼭 다문 아이에게는 훈육이 필요할 수도 있지만 존중과 수용이 필요할 수도 있거든요. 자녀가 자신의 생각을 안심하고 표현할 수 있도록 기회를 주고 사랑하는 아이와 소통하는 즐거움을 누리길 바랍니다.

낯설고 부끄럽지 않게
시작하는 성교육

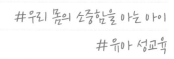

#우리 몸의 소중함을 아는 아이
#유아 성교육

신입 유치원 선생님들은 근무를 시작하고서 종종 당황하는 경우가 있습니다. 많은 일이 있지만 그중에서도 아이들의 자위행위를 보았을 때 특히 어쩔 줄 몰라 하죠. 아이들의 자위행위는 의식적이라고 볼 수 없습니다. 그저 유치원에서 신나게 놀다가 우연히 모서리에 아랫도리가 닿았는데 그 순간 기분이 좋아서 그런 것뿐이에요. 그래서 모서리에 아랫도리를 비비는 경우가 많아요.

유치원 경력이 많은 선생님들은 아이들의 그런 모습을 보면 얼른 아이를 놀이하는 곳으로 데려갑니다. "저기 가서 친구들이랑 놀까?" 하면서 자연스럽게 그 상황에서 벗어나지요. 그럼 아이도 금세 조금

전 상황을 잊고 놀이에 참여합니다. 그런데 아이들의 자위행위 장면을 처음 경험하는 선생님들은 놀라고 당황한 나머지 어떻게 할 줄 몰라 원장실 문을 두드리기도 해요. 대부분의 신입 선생님들이 겪는 통과의례 같은 겁니다.

아마도 처음 아이를 기르는 양육자들도 신입 선생님들과 다르지 않을 거라 생각해요. 아이가 성과 관련된 질문을 했을 때, 처음 자위행위를 했을 때 머리로는 어떻게 해야 할지 알면서도 막상 그런 상황에 닥치면 당황스러움에 생각과 입이 얼어붙지요. 이런 일은 남아나 여아를 가리지 않고 벌어집니다. 남자아이들은 자신의 성기를 만지작거리고, 여자아이들은 주로 모서리나 침구 같은 곳에 성기를 비비곤 해요.

아이들이 성에 대해 궁금해하는 것은 자라면서 겪는 굉장히 자연스러운 일입니다. 어른들이 생각하는 '성'적인 것과는 달라요. 그저 자기 몸을 탐구하고 나와는 다른 성을 궁금해할 뿐, 그 이상의 의미는 없습니다. 하지만 양육자들은 아이들이 지나치게 자위에 빠질까 봐, 친구 몸을 함부로 만질까 봐, 자신의 몸을 지키지 못할까 봐 걱정을 하죠. 그래서 성교육을 시켜야 한다고 생각하지만 정작 어린아이에게 무엇을 어떻게 가르쳐야 할지 난감해합니다.

아동의 성교육 시기에 대해서는 많은 의견이 있습니다. 그중 2009년 유네스코에서 발간한 〈국제 조기 성교육 지침서〉에 따르면 다섯 살부터 자기 신체 부위의 정확한 이름을 알고 자위행위에 대해서도 알아야 한다고 밝히고 있어요. 하지만 많은 양육자가 그렇게 일찍 성교육을 시작하면 오히려 아이가 성에 지나친 관심을 갖게 되지 않을까 걱정하기도 합니다. 이러기도 저러기도 어려운 성교육이지만, 저는 성교육의 시작을 아주 단순하게 바라볼 것을 권합니다. 나의 몸은 소중하고 친구의 몸도 소중하다는 것을 아는 데서부터 출발하면 된다고요.

●

너와 나의 몸은 소중한 것

아이들은 누구나 나는 소중한 존재이고, 나의 몸도 소중하다는 걸 알아야 합니다. 그런 마음을 확장해 친구의 몸도 소중하다는 것을 알게 되는 게 중요합니다. 우리의 몸은 소중한 것이니 누가 자신을 만지도록 허락하지 말아야 하고, 친구의 몸을 만지거나 옷을 들추는 것도 해서는 안 된다는 것을 알아야 합니다.

유치원에서는 매년 교육부에서 만든 표준안에 따라 아이들에게 성교육 프로그램을 실시합니다. 프로그램에는 남녀 몸의 차이, 몸의 소중함, 성희롱 대처법 같은 것이 담겨 있어요. 모두 중요한 내용이지만, 특히 성교육은 가정에서도 함께 이루어져야 합니다. 호기심 많은 아이들에게는 유치원과 가정에서의 합동 교육이 필요하거든요.

만약 자녀가 자위행위를 한다면 아이를 혼내거나 당황하지 마세요. 그리고 우리의 몸은 소중한 것이니 사람들이 있는 곳에서는 아랫도리를 만지면 안 되고, 특히 지저분한 손으로 만지면 안 된다는 걸 알려줘야 합니다. 앞서도 말했듯이 아이들의 자위행위는 우연히 시작해서 점점 재미를 느끼는 경우가 많아요. 다섯 살 이하의 아이들은 관심을 다른 곳으로 돌리는 것으로 유도할 수 있지만 여섯 살부터는 단순히 관심 돌리기만으로는 자위행위를 조절하기가 어려워지니 주의해야 합니다. 이미 자위의 쾌감을 알아버렸기 때문이지요. 그래서 여섯 살이 지난 아이에게는 자위행위에 대해 좀 더 적극적으로 알려주고 대응해야 합니다.

아이들이 자위행위를 하는 이유는 기분이 좋아서, 심심해서, 관심 받고 싶어서, 불안해서 등등 다양합니다. 간혹 볼일을 보고 뒤처리가 제대로 되지 않은 상태에서 가려워서 긁다가 시작하는 아이도 있어요. 만약 자녀가 지나치게 자위행위에 빠져 있다면 먼저 그 이유를 제대로 알아야 합니다. 만약 아이가 심리적 불안함을 표현하는 것이라면 아이의 마음을 채워주는 게 먼저입니다. 그리고 마찬가지로 우리의 소중한 몸을 그렇게 자주 만지면 건강에 좋지 않고, 다른 사람이 보는 데서 만지는 것도 안 된다는 걸 알려주세요.

요즘 교육기관이나 마을에서 유아 간의 성희롱이 종종 일어나 많은 부모가 몹시 불안해합니다. 이런 성희롱이 발생하는 것도 아이들이 몸의 소중함을 모르는 것이 원인입니다. 내 몸의 소중함을 알면 '만지지 마, 하지 마' 하고 큰 소리를 치면서 주변에 도움을 청할 수 있어요. 또 친구의 몸도 소중하다는 것을 알면 함부로 만지거나 치마를 들추는 행동도 일어나지 않습니다.

유치원에서는 이런 것을 '경계선 교육'이라고 부릅니다. 다른 사람의 몸을 만지면 안 되고, 다른 사람이 내 몸을 만지는 행위도 안 된다는 것을 알려주고 있어요. 이런 경계선은 가정에서도 지속적으로 알려줘야 하고 부모부터 늘 일관된 행동으로 모범을 보여야 합니다. 아이에게는 몸의 소중함을 알려주면서 소변이 급하다고 보채면 지체 없이 길거리에서 볼일을 보게 한다거나, 이성 친구의 몸을 몰래 훔쳐보거나 만졌는데 '애가 그럴 수도 있지' 하면서 대수롭지 않게 넘어간다면 제대로 교육이 이루어지지 않습니다. 문제를 확대할 필요는 없지만, 잘못된 것은 반드시 따끔하게 바로잡아줘야 합니다.

●

스킨십을 대신하는 마음 전달법

유치원에서 노는 아이들을 보면 단순히 친구가 좋거나 놀고 싶다는 이유로 뽀뽀를 하거나 껴안는 아이들이 많습니다. 대부분 성적인 의미보다 반가움의 표현이죠. 그런데 부모의 눈에는 그런 행동들이 더없이 불편하게 느껴질 수 있어요.

특히 여자아이를 둔 부모들은 남자아이가 자기 아이에게 기습 뽀뽀를 하거나 포옹을 하면 깜짝 놀라기도 합니다. 그렇다고 애들이 아무 생각 없이 스킨십을 하는데 "하지 마, 그러면 안 돼!" 하고 말하기도 멀끄러운 게 사실이에요.

감기나 수족구 같은 병이 유행할 때는 더욱 촉각이 곤두설 수밖에 없어요. 이런 상황을 예방하려면 자녀에게 스킨십 대신 다른 방식으로 반가움을 표현하라고 지도해주세요.

"세은이 만나서 좋아? 그러면 말로 하자. 껴안는 대신 말로 '반가워! 우리 같이 놀자!' 하고 말하는 거야."

아이들이 좋아하는 스티커나 쪽지를 친구에게 주면서 좋아하는 마음을 전하게 하는 것도 좋은 방법입니다. 이렇게 말로 표현하는 것도 경계선 교육의 한 부분이에요. 이런 교육법에 대해 아이들의 일을 너무 유난스럽게 받아들인다고 생각하는 부모도 분명 있습니다. 하지만 우리 아이의 표현이 다른 아이에게 불편함을 주지 않게 하려면 꼭 필요한 교육이에요.

아이의 몸과 마음을 존중해주세요

아이가 몸을 소중하게 생각하게 만들려면 자기 몸이 소중하게 다뤄지는 경험을 해야 합니다. 평소 회초리 등으로 체벌을 자주 당하거나, 아무 데서나 옷을 갈아입거나, 길거리에서 소변을 보거나, 성기와 관련된 것은 창피하다는 식으로 주입을 받으면 자기 몸을 소중히 여기기 어렵습니다. 수치심을 느끼기도 쉬워지죠. 또 평소 양육자에게 무시당하거나 자기 의견을 무시당한 경험이 많으면 자기 자신을 존중하기가 어려워요. 성교육은 단순히 성기에 집중된, 성범죄를 피하기 위한 교육이 아닙니다. 한 아이가 인격체로서 존중받고, 다른 사람을 존중하기 위한 교육의 시작입니다. 그러기 위해서는 평소에 소중한 존재로서 인정받는 것이 필요해요.

자연스럽고 경계 없는 젠더 교육

요즘 많은 가정에서 경계 없는 젠더 교육에 관심을 갖습니다. 여자아이, 남자아이를 구분하는 사회적 개념을 심어주지 않도록 노력하는 것이죠. 특히 여자아이를 둔 가정에서는 핑크색 옷을 안 사주기도 하고, 로봇 같은 장난감도 갖고 놀 수 있게 해주는 편입니다. 예쁘게 자라기보다 씩씩하게 자라길 바라면서요.

젠더 교육은 자연스러운 분위기에서 고정된 틀 없이 이뤄지면 좋을 것 같습니다. 제가 손자들과 유치원 아이들을 보면서 참 신기하게 생각하는 대목이 있어요. 아이들에게 따로 가르쳐주지 않아도 많은 남자아이가 파란색을 좋아하고, 많은 여자아이가 핑크색을 좋아한다는 것이죠. 여자아이들이 여섯 살 정도 되면 유치원에 공주들이 얼마나 많이 등장하는지 모릅니다. 여기저기서 엘사와 라푼젤이 뛰어다닐 정도예요. 남자아이들은 하나같이 공룡 전문가에 운동선수가 돼 우르르 떼를 지어 다닐 정도고요. 그런 모습을 보고 있으면 정말 아이들에게도 남성성과 여성성이라는 것이 있겠다는 생각이 듭니다.

공주가 되고 싶은 딸에게, 용사가 되고 싶은 아들에게는 그에 걸맞은 겉모습과 놀이가 필요해요. 만약 지금 입고 싶은 옷을, 갖고 놀고 싶은 장난감을 양육자의 시선으로 재단해 금지한다면 아이는 어린 시절에 하지 못했던 것들을 나중에 어른이 되어서 하게 됩니다. 할머니가 되어 공주 드레스를 입고, 수염 덥수룩한 아저씨가 되어 장난감을 모으게 되는 것이죠.

남자아이와 여자아이의 경계선을 없앤 젠더 프리 장난감을 사주는 것도 좋습니다. 딸들에게 파란색 옷을 입히는 것도 좋습니다. 하지만 성별에 따른 특성이 명확하게 드러난 장난감과 옷을 아이가 원한다면 그것 역시 허락해줘야 합니다. 아이들은 주변을 탐구하고 자기가 좋아하는 것을 곁에 두고 성장하면서 성 정체성을 찾아가거든요.

단순히 아이의 겉모습과 노는 방식을 규정하는 옷이나 장난감보다 더 필요한 것은 남자아이나 여자아이 모두 똑같이 소중한 존재라는 개념을 심어주는 것입니다. 우리는 겉으로는 다르지만 모두 같은 사람이라는 것을 알고 서로 존중한다면 건강한 젠더 개념이 생겨나지 않을까요? 부모라면 딸과 아들 모두에게 사내아이나 계집아이 같다는 식의 고정된 틀 대신 넓은 시야를 보여줘야 합니다.

"울어도 괜찮아. 질 수도 있고 울 수도 있어."

"남자도 여자도 뭐든지 할 수 있고, 원하는 곳은 어디든 갈 수 있어."

"여자나 남자 모두 소중해. 세상에는 남자와 여자가 다 필요해."

"세상에는 남자든 여자든 몸이 약한 사람이 있어. 그런데 몸이 약해도 마음은 강할 수 있어."

우리 아이가 당당하고 건강한 어린이가 되려면 이런 긍정의 언어와 세상에 대한 존중의 마음을 가져야 합니다. 남자아이도 소꿉놀이를 할 수 있고, 여자아이도 축구를 할 수 있습니다. 놀이와 성 역할이 아니라 그 속에서 자기 자신을 느끼는 게 중요하다고 생각해요. 아이가 젠더에서 자유로워질 수 있도록, 진정한 자기다움을 찾아갈 수 있도록 부모부터 장난감과 옷에 갇히지 말고 보다 넓게 세상을 탐구하길 바랍니다.

하루의 시작부터
일주일의 마무리까지
알차게 보내는 법

4장

#긍정의 태그

가족의 사랑을 북돋는
아침의 스킨십

#규칙적인 아이
#아침 루틴

'좋은 아침! 이렇게 하루를 시작할 수 있어서 참 감사하고 행복해!' 이렇게 오늘도 긍정의 언어로 하루를 열었습니다. 내가 한 말을 뇌가 듣게 되면 신기하게도 하루가 그대로 펼쳐지는 것 같습니다. 이렇게 아침을 기분 좋게 보낼 수 있도록 몇 번만 연습해보면 이내 습관이 됩니다. 그다음부터는 편하게 즐기면 돼요. 그러면 더 이상 전쟁 같은 아침 시간을 보내지 않아도 되죠. 가족 모두가 기분 좋은 하루를 시작하는 일종의 '루틴' 같은 것이 되는 겁니다.

자, 이제 아이를 깨우러 가볼까요? 어제보다 하루 더 자란, 우리 아이를 만날 시간입니다. 아이에게는 전날 잠자리에 들기 전에 내일 아침 몇 시에 일어날지 미리 알려주세요. 시곗바늘이 어디에 있으면 일어나야 하는지, 알람 소리가 일어나는 신호라든지, 엄마가 시간을 알려주면 일어난다든지 등을 알려주는 거죠. 그리고 아이가 엄마와의 약속을 꼭 지킬 수 있도록 단단히 마음의 준비를 시켜줘야 합니다.

아이와 약속한 시간이 다가오면 아이가 서서히 기분 좋게 깨어날 수 있도록 스킨십을 합니다. 이마를 만져주면서 이마가 시원하게 생겼다고 속삭이기도 하고, 코를 만지작거리면서 콧소리가 쌔근쌔근하다며 코끝을 살짝 만지기도 해보세요. 그리고 다리를 시원하게 주무르며 이렇게 속삭여보세요.

"우리 ○○, 하루 사이에 키가 많이 컸네. 자, 쭉~쭉~ 시원하지? 이제 일어날 시간이야. 일어나야지."

그러면 아이는 조금은 귀찮은 듯 어물쩍거려도 이내 얼굴에 미소를 가득 머금으며 자리에서 일어날 겁니다. 전날 학교나 가정에서 어딘가로 놀러 갔다 왔거나 특별히 활동이 많았던 다음 날에는 유난히 일어나기 힘들어할 수도 있어요. 아이가 너무 피곤해할 때는 그냥 아이가 원하는 대로 5분 정도 더 잘 수 있도록 내버려두는 융통성도 필요합니다.

"엄마, 5분만 더 자고 싶어."

"오늘은 더 자고 싶어?"

"응."

"그럼 오늘만 5분 더 자고 일어나자."

아침을 상쾌하게 시작하는 비결은 바로 마음 다스림입니다. 아이가 계획대로 순순히 따르지 않고 떼를 쓸 수도 있습니다. 양육자가 큰맘 먹고 마사지를 해줬는데, 마냥 귀찮다며 아이가 소리를 지를 수도 있어요. 또 몇 번은 참고 잘 버티다가 며칠 후 다시 원래대로 돌아갈 수도 있죠. 그럴 때 마음속에서 올라오는 감정대로 뿔을 내고 잔소리를 한다면 상큼한 하루를 시작할 수 없습니다. 아침 기상 습관을 만들기도 어려워져요. 가족 모두가 기분 좋은 아침을 만들려면 양육자의 굳은 결심과 기다림, 마음 다스림이 무엇보다 필요합니다.

'나는 기분 좋게 하루를 시작한다.'

'우리 아이를 사랑으로 만난다.'

'화내지 않는다.'

'시간에 쫓기지 않고 준비한다!'

저도 아이들을 키울 때 정말 아침이 힘들었습니다. 그래서 저는 아이를 깨울 때 좋아하는 과일을 입에 살짝 물려주곤 했어요. 그러면 새콤달콤한 과일을 아삭아삭 씹으면서 잠자리에서 일어나더라고요.

지우 엄마는 바쁜 와중에도 아이에게 책을 읽어준다고 합니다. 하루는 5분 정도 읽어줬는데 아이가 꼼짝을 하지 않더랍니다. 그래서 아직도 자는 줄 알고 가만히 있었더니 지우가 "엄마, 그다음은요?" 하면서 눈을 떴다고 해요.

아이마다 좋아하는 것은 모두 다릅니다. 우리 아이가 무엇을 좋아하는지를 잘 알아두면, 아침에 아이를 깨우기 위한 방법으로 쓸 수 있을 거예요. 좋아하는 음식이나 좋아하는 놀이를 활용해 아침잠을 깨운다면 정말 평화로운 장면을 연출할 수 있어요. 만약 아침마다 잠을 깨우는 것이 너무 힘들다면 그냥 아이를 꼭 안아주세요. 그리고 아이에게 힘이 되는 말들을 속삭여주세요.

"○○(이)는 할 수 있다."

"○○(이)는 건강하다."

"○○(이)는 친구와 사이좋게 놀 수 있다."

"○○(이)는 스스로 잘할 수 있다."

"○○(이)는 용기 있게 말할 수 있다."

"○○(이)는 똑똑하다."

아이에게 이렇게 말해주다 보면 양육자에게도 좋은 기운이 전달됩니다. 하루를 시작하는 주문 같은 것이죠. 시간도 얼마 안 걸립니다. 20초면 할 수 있는 말들이에요. 그리고 아이와 아침에 큰 소리로 함께 외쳐보세요. 기분 좋게 일어나 축복으로 가득한 하루가 시작될 수 있도록, 내 귀와 내 뇌가 들을 수 있도록 외치며 아이와 함께 하루를 열어가는 거예요.

저는 아이를 깨울 때 스킨십도 강조합니다. 스킨십은 자신이 사랑받고 있다는 것을 증명하는 가장 강력한 행위이기 때문이죠. 정말 간단합니다. 아침마다 아이의 머리를 살살 쓰다듬어주는 거예요. 스킨토너를 피부에 톡톡 바르듯 부드럽게 이마와 코를 쓰다듬어주고 팔과 다리를 쭉쭉 당겨주세요. 엉덩이를 팡팡 두드리고, 장딴지를 쭉쭉 늘려주고, 발바닥에 움푹 들어간 곳도 꾹꾹 주물러주세요. 아침의 마사지로 하루를 시작한 아이는 양육자와도 좋은 관계를 형성할 수 있어요. 그리고 좋은 기분은 면연력과도 연결된답니다.

뮤지컬 음악감독 박칼린의 《그냥》이란 에세이를 보면서 굉장히 인상 깊었던 대목이 있습니다. 박 감독의 어머니는 항상 아침마다 키스로 세 자매들을 깨워주셨다고 해요. 그 기억이 지금도 선명하다고 하네요. 이불을 걷어버리거나 일어나라고 소리를 지르는 일도 한 번 없이 오로지 아이들을 안아주고 뽀뽀를 하며 깨우셨다고 해요. 그렇게 세 딸들이 어머니의 사랑 세례를 받으며 행복하게 아침을 열었다고 합니다. 여러분도 그런 행복한 기억을 아이들에게 만들어줄 수 있습니다.

"너 아직도 안 일어났어?"

"이게 뭐야! 엄마가 일어나라고 몇 번째 말한 거야? 왜 이렇게 꾸물대?"

잠에서 깨기도 바쁜 아침, 빨리 아이를 일으켜 세워 우유 한 모금이라도 먹여 보내고 싶은 마음에 짜증이 나기 쉽습니다. 그러다 보면 생각지도 않은 부정적인 말들을 내뱉기도 해요. 하지만 아침을 사랑으로, 행복으로, 희망으로 열어갈 수 있도록 긍정의 태그와 사랑의 스킨십을 시도해보세요. 그런 시도들은 아이는 물론 양육자에게도 힘이 됩니다.

유치원 가는 시간을
즐겁게 바꾸는 작은 변화

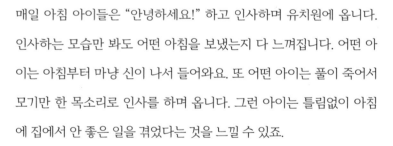

#약속을 지키는 아이
#아침이 여유로워지는 등원 준비법

매일 아침 아이들은 "안녕하세요!" 하고 인사하며 유치원에 옵니다. 인사하는 모습만 봐도 어떤 아침을 보냈는지 다 느껴집니다. 어떤 아이는 아침부터 마냥 신이 나서 들어와요. 또 어떤 아이는 풀이 죽어서 모기만 한 목소리로 인사를 하며 옵니다. 그런 아이는 틀림없이 아침에 집에서 안 좋은 일을 겪었다는 것을 느낄 수 있죠.

아침마다 가정에서 아이와 양육자가 실랑이 벌이는 이유는 보통 세 가지예요. 먹는 것, 입는 것, 그리고 씻는 것입니다. 세 가지 행동을 할 때 아이가 꾸물거리거나 다른 것을 하겠다고 고집을 부리느라 등원이 늦어지면 여지없이 전쟁 같은 아침이 시작되죠.

혜원이네 집의 아침을 살펴볼까요? 혜원이 엄마는 아이에게 아침을 잘 먹이고 싶어서 생선까지 구워가며 열심히 식사 준비를 했습니다. 혜원이도 오늘따라 아침밥을 오물오물 잘 먹었습니다.

"어우, 잘 먹네! 어쩌면 이렇게 잘 먹지!"

혜원이 엄마는 대견한 마음에 숟가락 위에 열심히 반찬을 올려주다 문득 시계를 봤습니다. 아뿔싸! 유치원 버스를 탈 시간이 5분밖에 남지 않은 것을 발견했습니다. 마음이 급해진 혜원이 엄마는 혜원이를 데리고 후다닥 욕실로 향합니다.

"그만 먹어. 너 지금 이러고 있을 때가 아니야. 일어나! 빨리! 이 닦아! 이러다 늦겠다!"

혜원이는 밥도 제대로 다 먹지 못하고 이를 닦으러 갔습니다. 그런데 이를 닦다가 어제까지 못 보던 비누를 발견했어요. 동물 모양 비누가 귀여워 만지작거리는데 거품도 너무 잘 났어요. 이를 닦던 것도 잊어버리고 혜원이는 비누 장난 삼매경에 빠졌습니다. 비누 장난에 너무 빠져버려서 유치원에 가야 한다는 것도 깜빡 잊어버렸어요. 그런데 갑자기 화장실 문이 열리더니 엄마의 불호령이 떨어졌습니다.

"너 지금 뭐하는 거야, 어! 지금 장난칠 때야? 이리 나와, 빨리! 이 옷 안 입는다고? 왜 안 입어! 엄마가 이번에 새로 산 거야. 이 옷 얼마나 편하고 시원한데!"

그렇게 부랴부랴 집을 나섰지만, 유치원 버스 시간은 이미 지나버렸습니다. 혜원이 엄마는 혜원이를 데리고 지하주차장으로 달려갔습니다. 그런데 차를 빼고 출발하려는데 이미 등원 시간은 30분이나 늦어버린 것을 발견했죠. 잠시 숨을 고르고는 유치원에 전화를 해서 조금 늦는다고 이야기를 했어요. 그렇게 하루가 시작부터 완전히 망가져버렸습니다. 결국 혜원이는 엄마에게 야단을 맞았고, 눈물을 글썽이며 등원했습니다. 그런데 사실 혜원이는 엄마가 먹으라고 주신 밥을 열심히 먹은 죄밖에 없어요. 아무 잘못도 없는데 야단을 맞고 하루를 엉망진창 시작한 거예요. 혜원이 엄마도 의도치 않게 아이를 혼내고 무거운 마음으로 등원시키고 말았죠.

소중한 내 아이의 아침을 어떻게 여는 것이 좋을까요? 정답은 아이와 양육자 간의 '약속'에 있습니다. 서로 약속을 정해두고 양육자도 아이도 함께 약속을 떠올리면서 아침을 보낸다면 아침이 그렇게 빠듯하지만은 않을 겁니다. 대부분의 아침 분쟁은 '시간' 때문에 일어나는 것이니까요. 이상적인 아침의 시나리오를 한번 생각해볼까요?

자, 아이가 일어나서 식탁에 앉습니다. 밥 먹을 때는 그냥 먹는 것이 아니라 미리 시간을 정해두고 먹도록 합니다. 큰 시곗바늘이 8에 가기 전까지 밥을 먹는 거라고 약속하고 그 시간까지 먹는 것이죠. 성장기에는 잘 먹는 것이 정말 중요합니다. 요즘은 좋은 음식들이 많이 나오고 아이들의 발육 상태도 좋아서 적게 먹어도 영양분이 부족하지 않아요. 또 유치원에 등원하면 금방 점심을 먹고 저녁에 집에 돌아와서도 식사를 하잖아요. 그러니 아침 시간에 아이가 조금 덜 먹더라도 괜찮습니다. 그보다는 신나게 하루를 시작하는 것에 의미를 두는 것이 중요합니다.

씻는 것도 마찬가지입니다. 식사를 마치고 아이가 씻을 때 장난을 하느라 시간을 많이 쓴다면 놀이는 저녁에 하고 지금은 유치원에 갈 준비를 하는 게 중요하다고 단호하게 일러주세요.

옷은 등원하기 전날에 미리 준비해두도록 합니다. 바구니를 하나 마련하고 다음 날에 입을 옷을 아이와 상의해 미리 담아두면 시간을 절약할 수 있죠. 신발도 마찬가지로 현관에 미리 준비해두세요. 의외로 아침마다 아이들의 옷 때문에 실랑이하는 가정이 많아요. 바구니에 옷을 미리 담아두면 아이와 어떤 옷을 입을지 미리 상의도 할 수 있어서 더욱 좋습니다. 전날 미리 준비한 옷을 아침에 얼른 입고, 준비한 신발도 그대로 신고 바로 집에서 나설 수 있으니까요.

그런데 아이들은 언제 마음이 바뀔지 몰라요. 어제 함께 준비한 옷을 오늘은 갑자기 안 입겠다며 떼를 쓸 수도 있어요. 어제 입었던 게 더 좋다면서 세탁도 안 한 옷을 입는다고 할 수도 있고요. 그럴 때에도 아이의 의견을 존중해주는 것이 좋습니다. 좀 더러운 옷을 입어도 상관없습니다. 하루 정도 지저분해도 큰 병에 걸리지 않아요. 선생님들도 아이가 입은 옷을 가지고 판단하지 않을뿐더러 오히려 아이들의 그런 마음을 잘 이해합니다. 그리고 지저분하고 냄새 나는 옷, 계절과 맞지 않아 춥고 더운 옷을 입어봐야 아이 스스로 불편함을 깨닫습니다.

아이들이 옷을 고르는 기준은 어른과 완전히 다르고, 때로는 어떤 기준도 없어 보일 정도예요. 한여름에 해가 반짝반짝 나고 있는데 장화를 신겠다고 하질 않나, 좋은 옷 죄다 놔두고 무릎이 툭 튀어나온 트레이닝복을 입고 가겠다고 하질 않나, 양육자가 도대체 이해할 수 없는 주문을 하곤 해요. 특히나 여자아이들은 옷 입는 것에 남자아이들보다 민감해서 더욱 강하게 자기 주장을 하는 편이에요. 말이라도 예쁘게 하면 좋은데, 엄마 눈에는 영 이상해 보이는 옷을 입겠다면서 생고집을 피우기도 하죠. 상의는 빨간색, 하의는 주황색 그리고 양말은 꽃분홍색을 신겠다고 하는 아이들도 있어요.

"너 그게 어울린다고 생각해? 정 그렇게 입을 거면 양말이라도 딴 거 신어."

그런데 아이는 자기가 고른 옷을 웬만하면 포기하지 않으려고 해요. 자기가 좋아서 고른 옷들이니까요. 그럴 때는 아이가 원하는 대로 입혀주세요. 아이들은 자기가 좋아하는 옷을 입고 싶어 합니다. 활동적인 아이들은 입기 편하고 벗기 편한 옷을 좋아하고, 공주가 되고 싶은 아이들은 함박눈이 와도 공주 옷을 입어야 해요. 그럴 때는 그냥 아이가 원하는 대로 입도록 배려해주세요. 날씨와 맞지 않아도, 바깥 활동을 하지 않는 날이라도 아이가 입고 싶은 옷을 입어야 스트레스 없이 아침을 시작할 수 있습니다. 특히 여자아이들은 아무리 이상한 머리띠를 하겠다고 고집을 부려도 그냥 내버려두세요.

교육기관에서 아무리 좋은 수업과 활동을 준비해도 집에서 기분이 상한 상태로 등원한다면 하루를 활기차게 시작하기가 어렵습니다. 선생님이 아이의 옷을 어떻게 생각할지는 중요하지 않아요. 친구들이 그 옷을 보고 어떻게 생각할지도 중요하지 않아요. 우리 아이가 입고 싶어 하는 옷을 입는 게 제일 중요합니다.

아이와 옷을 입는 문제가 잘 해결됐다면, 이제 유치원 버스가 오는 시간보다 조금 일찍 나서도록 연습해보세요. 이제부터는 시간 약속을 잘 지키는 습관을 익혀줘야 해요. 앞으로는 매일 아침 버스 시간에 맞추느라 허겁지겁 나오면서 백미터 달리기를 하지 않도록 해보세요. 버스 타는 곳까지 아이와 함께 천천히 걸으며 도란도란 이야기를 나눈다면 아이에게도 좋은 추억이자 교육이 될 겁니다.

하루의 일과를 마무리하는
긍정의 1초 대화법

#아이를 위한 긍정의 신호

#1초의 행복

아이 하원 시간에 맞춰 헐레벌떡 집으로 돌아오는데 갑자기 전화가
한 통 걸려옵니다. 시부모님이 집 근처에 문병을 오셨다가 저녁에 들
르신다는 연락이었어요. 순간적으로 정신이 아찔해집니다. 집도 엉망
이고 음식도 준비된 게 하나도 없었으니까요. 느닷없이 연락이 오니
멘붕에 빠집니다.

집으로 돌아오는 길에 슈퍼마켓에 들러 대충 식재료를 배달시켜
놓고 부랴부랴 현관문을 열었더니, 눈앞이 캄캄해집니다. 지저분한
화장실이랑 장난감으로 어질러져 있는 거실이 눈에 들어왔거든요. 일
단 장난감들은 장 속으로 쓸어 넣고 얼른 화장실부터 청소를 시작합

니다. 오늘은 아이가 얌전히 협조를 해주길 바라면서요. 허겁지겁 변기를 닦고 후다닥 거실을 정리하고 나서 아이를 데리고 옵니다.

"오늘 할머니랑 할아버지랑 오실 거야. 엄마 지금부터 바쁘니까 만화 보고 있어!"
"정말요? 근데 엄마 나 오늘 유치원에서 그림 그렸어!"
"어? 그래?"
"갖고 올게!"
"조금 이따 볼까? 엄마 할 일이 많아서 그래."

그때 띵동띵동 하며 초인종이 울립니다. 슈퍼마켓에 주문한 배달 품들이 온 것입니다. 그사이 아이는 유치원에서 그린 그림을 가지고 와서 엄마의 칭찬을 기다립니다.

"엄마! 이거 봐!"
"어, 잘 그렸네!"

아이의 기대감은 아랑곳하지 않고, 대충 대답을 하는 둥 마는 둥 했더니 눈치 100단인 아이가 그만 얼굴을 구기고 말았습니다.

"선생님께 그림 잘 그렸다고 칭찬받았단 말이야."

"어, 알았어."

그러는 중에도 눈과 손은 슈퍼마켓 배달박스로 향하고, 연신 고개만 끄덕이면서 배달시킨 물건들이 제대로 왔나 열심히 상황 분석에 들어갑니다.

"엄마! 친구들도 잘했다고 그랬단 말이야."

이 정도 상황까지 되면 엄마도 목소리가 커지기 마련입니다.

"잘했다고 했지? 얘가 왜 또 그래? 엄마가 잘 그렸다고 몇 번이나 말했니! 할머니 할아버지 오실 거라서 지금 바쁘단 말이야. 너 빨리 네 방이나 정리해. 엄마가 잘 그렸다고 했으니까 빨리 치워. 알았어?"

"이이잉, 엄마 미워."

"바빠 죽겠는데 왜 울고 난리야."

갑자기 찾아오신다는 시부모님 덕분에 오후 시간이 망가지고 말았습니다. 아이는 엄마의 상황을 좀처럼 이해해주지도 않고, 엄마도 부모의 관심을 바라는 아이의 마음을 배려하지 못했지요. 아이들은 부모의 진심이 담긴 칭찬을 원합니다. 그리고 약간 과장된 반응을 더 좋아해요.

아이들은 하원을 하고 나면 오늘 유치원에서 겪었던 일을 시시콜콜 부모에게 이야기하고 감정이 듬뿍 담긴 칭찬을 기다립니다. 하지만 부모들은 자신들이 바쁠 때 아이가 관심을 구하면 아이가 눈치 없이 귀찮게 군다면서 부담스러워하지요. 하지만 해결책은 정말 간단합니다. 강력한 칭찬 한 방이면 모든 상황을 해결할 수 있습니다. 아이와 양육자 모두에게 만족도가 높은 방법이에요. 자, 조금만 바꿔 생각해볼까요?

"엄마, 나 그림 잘 그렸죠?"
"우와! 멋지다!"

아이의 마음에 호응해 반응을 해주면 1초면 끝날 일입니다. 유치원에서 돌아온 아이에게는 방청객과 같은 호응이 필요해요. 어차피 해야 하는 칭찬이라면, 약간 닭살이 돋아도 과장되게 칭찬을 해주면 아이들이 정말 좋아하거든요. 어른의 눈에는 별것 아닌 일들도 아이에게는 부모에게 자랑하고 싶고, 여러 사람에게 알리고 싶은 것이거든요. 이때 방청객처럼 '우와!' '어쩜!' '꺄!' 하며 호응해준다면 아이는 오늘 자신의 활동을 더 행복하게 기억할 거예요.

유치원 선생님이 유난히 높은 목소리 톤을 유지하는 것도 그런 이유 때문입니다. 선생님들은 전문 방청객이나 마찬가지거든요. 머리에 꽂은 평범한 핀 하나도 놓치지 않고 아이에게 반응해준답니다.

"아! 너무 예뻐!"

아이가 '이거 선생님 선물!' 하면서, 무엇인지 알 수 없는 그림을 종이에 대충 그려 선물해도 마찬가지입니다.

"어머! 네가 그린 거야? 고오오오마워어어어어어~."

어른들이 보기에는 다소 과장된 행동과 말투를 아이에게 보여주세요. 아이들은 그런 것들을 보면서 부모가 자신에게 전하는 긍정의 신호라고 여깁니다. 사실 아이에게 보여주는 부모의 호응은 돈도 들지 않아요. 시간도 많이 필요하지 않죠. 그러니 아이들이 집으로 돌아왔을 때, 인정받고 싶어 할 때 엄지를 치켜세워주세요. 그리고 "와!" 하고 외쳐주세요. 이거 하나면 우리 아이를 행복하게 만들어줄 수 있습니다.

내일을 준비하는
편안한 잠자리 대화법

#하루의 마무리
#긍정의 태그가 쌓이는 시간

자, 이제 잠자리에 들 시간입니다. 하루 동안 일어난 일을 감사한 마음으로 마무리하며 기분 좋게 잠자리에 들 수 있습니다. 잠자리에 드는 것은 지금껏 한 번도 사용하지 않았던 새날을 열어가는 시작과도 같아요.

잠자는 동안 뇌는 여러 가지 일들을 처리합니다. 그날의 기억을 의식 깊은 곳에 저장하기 시작하죠. 속상한 마음으로 잠들면 꿈에서도 그 일이 계속 반복되어 부정적인 태그가 만들어집니다. 반면 흐뭇한 마음으로 꿈나라로 떠나면 긍정적인 태그가 차곡차곡 쌓입니다. 아이가 오늘 하루 있었던 일을 행복한 기억으로 꼭꼭 저장하고 새날을 힘차게 열어갈 수 있도록 감사의 대화를 나누는 시간을 가져보는 것은 어떨까요.

오늘 하루 동안 좋았던 일, 감사한 일을 양육자가 먼저 이야기해보세요. 그리고 아이도 생각나는 것을 말하도록 이끌어주세요. 그렇게 잠자리에 들기 전에 함께 도란도란 이야기를 나누면 양육자와 자녀의 유대 관계를 단단하게 만드는 것은 물론, 양육자에게도 하루를 돌아보는 의미 있는 시간이 됩니다. 특히 아이와 대화할 때 무슨 말을 해야 할지 갈피를 잡지 못하는 아빠들에게 추천합니다. 온종일 바빠서 아이와 함께한 시간이 부족했다면 더욱 추천합니다. 짧은 시간 동안 강렬하게 아이와 유대감을 형성할 수 있으니까요.

"민준아, 오늘 기분 좋았던 일 다섯 개만 이야기해볼까? 아빠부터 해볼게."

"오늘 민준이가 저녁을 잘 먹었다지? 저녁을 잘 먹어서 아빠가 기분이 좋아."

"아빠가 친구를 만났는데 민준이 얘기했더니 부러워했어. 이렇게 사이가 좋다고 말이야."

"아빠는 건강하게 일할 수 있어서 그게 좋고 감사해."

"아빠는 오늘도 민준이가 옆에 있어서 너무 좋아!"

"내일 일어나면 민준이를 또 만날 수 있어서 좋아!"

매일 똑같은 이야기를 해도 상관없습니다. 할 말이 없으면 어제 했던 이야기를 또 해도 괜찮아요. 아무렇지도 않은 일이고 어쩌면 당연한 이야기도 말로 직접 하다 보면 새삼 감사하게 느껴집니다. 그렇게 아이와 함께 이야기를 나누다 보면 감사할 일들도 마구마구 일어나고요. 이제는 아이 차례입니다. 아이가 말하면 다정하게 호응해주세요.

"오늘 선생님이 나를 보고 웃어서 기분이 좋았어요."

"그래? 나도 기분이 좋네!"

"오늘 점심 때 고기 반찬이 맛있었어요."

"좋았겠다. 아빠도 고기 반찬 좋아해."

"정아랑 놀고 싶었는데 나랑 안 논다고 해서 책 본다 그랬어요."

(이때 친구 관계가 나옵니다.)

"그랬구나."

(다음 얘기가 나오지 않으면 그냥 넘어갑니다.)

"그런데 나는 정아랑 놀고 싶은데 정아는 왜 나랑 안 놀죠?"

"정아랑 놀고 싶은데 섭섭했구나! 아빠는 포도를 좋아하고 민준이는 수박을 좋아하잖아. 사람들은 좋아하는 것이 다를 수 있어. 그리고 때로는 친구가 하고 싶은 대로 기다려줘야 해. 기다리다 보면 또 좋은 친구가 될 수 있거든. 다음에 또 놀면 되지 뭐."

"그리고 오늘 그림도 그렸어요. 그림을 그릴 때 기분이 좋았어요."

"그래. 아빠는 민준이가 책도 보고 그림도 그리면서 하루를 즐겁게 보낸 것 같아서 너무 좋아."

"나도 아빠가 있어서 좋아요."

이렇게 이야기를 다 나누었는데도 아이가 잠들지 않고 말똥말똥하게 눈을 뜨고 있을 때도 있습니다. 그때는 동화책을 읽어줘도 좋고 함께 노래를 조용조용 불러도 좋습니다. 지금은 아이와 '함께' 공유하는 시간을 가지고 행복하게 하루를 마무리하는 게 중요하니까요.

때론 부모가 바쁜 일상을 보내느라 아이가 먼저 꿈나라로 가버려서 이런 시간을 가지지 못할 수도 있습니다. 특히 맞벌이 가정이나 야근이 많은 양육자는 아이가 눈 뜨기 전에 출근하고 잠든 다음에 집으로 돌아오는 일이 많지요. 먹고사는 일이 달려 있으니 어쩔 수 없지만, 자녀와 보내는 황금 같은 시간을 함께 누리지 못하고 있는 것 같아 가슴도 아픕니다. 하지만 괜찮아요. 비록 아이가 잠든 다음에라도 다가가 머리를 쓰다듬어주고 살짝 뽀뽀도 해주면서 굿나잇 인사를 건넨다면 아이는 잠결에서라도 사랑을 느낍니다.

"우리 든든한 ○○, 사랑해."

아이는 잠결에도 다 들어요. 비록 귀로 듣지는 못해도 마음으로 듣고 기억하는 거죠. 엄마 아빠가 자신을 얼마나 사랑하는지, 의식보다 훨씬 강력한 무의식이 듣고 기억합니다. 그렇게 아이와 함께 하루를 감사하게 마무리하고, (잠든 다음일지라도) 부모의 사랑을 듬뿍 전해준다면 우리 아이는 꿈나라에서도 행복하게 잘 놀며 기쁜 마음으로 내일을 준비할 수 있습니다.

가성비와 힐링을 모두 챙기는
주말 사용법

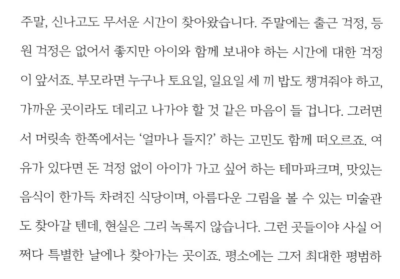

#일주일의 보상
#똑똑한 주말 사용법

주말, 신나고도 무서운 시간이 찾아왔습니다. 주말에는 출근 걱정, 등원 걱정은 없어서 좋지만 아이와 함께 보내야 하는 시간에 대한 걱정이 앞서죠. 부모라면 누구나 토요일, 일요일 세 끼 밥도 챙겨줘야 하고, 가까운 곳이라도 데리고 나가야 할 것 같은 마음이 들 겁니다. 그러면서 머릿속 한쪽에서는 '얼마나 들지?' 하는 고민도 함께 떠오르죠. 여유가 있다면 돈 걱정 없이 아이가 가고 싶어 하는 테마파크며, 맛있는 음식이 한가득 차려진 식당이며, 아름다운 그림을 볼 수 있는 미술관도 찾아갈 텐데, 현실은 그리 녹록지 않습니다. 그런 곳들이야 사실 어쩌다 특별한 날에나 찾아가는 곳이죠. 평소에는 그저 최대한 평범하고 경제적인 곳을 찾는 형편이니까요.

그런데 사실, 정서적 여유는 돈과 큰 상관이 없습니다. 아주 저렴한 비용으로도 온 가족이 재미있고 유익하게 주말을 즐길 방법은 무궁무진해요. 약간의 상상력만 발휘한다면 온 가족이 더없이 재미있게 주말을 즐길 수 있습니다.

주말이 되면 간단하게 아침을 챙겨 먹고 나서 산으로 가보는 것은 어떨까요? 우리나라는 전국 어디서나 조금만 나가면 산을 만날 수 있습니다. 요즘은 산으로 올라가는 입구에 아이들이 이용할 수 있는 놀이 시설이 갖춰진 곳도 많아요. 대부분 공원들을 조성해놓고 있습니다. 그런 곳을 찾아가 아이들과 함께 실컷 뛰노는 겁니다.

한동안 숲 교육이 온 나라를 흔들었죠. 숲은 자연을 체험하고 뛰놀며 몸과 마음을 건강하게 만들 수 있고, 체험 학습도 할 수 있다는 장점이 있습니다. 부모님과 함께 숲 교육을 즐긴다면 가족 모두 한 주간 쌓인 스트레스를 풀고 즐거운 추억으로 삼을 수 있습니다.

산으로 가는 길에 김밥집에 들러 김밥 몇 줄 사고(밖에서 파는 김밥이 입에 안 맞으면 밥에 김자반, 멸치볶음을 조금 뿌리고 조물조물 뭉쳐 주먹밥을 간단하게 준비합니다. 10분이면 충분합니다), 아이와 함께 산으로 가서 뒹굴어보세요.

봄이면 꽃 구경을 하고 여름이면 초록으로 물든 나뭇잎을 꺾어 화관도 만들어보세요. 가을이면 낙엽 냄새를 맡으며 폭신폭신한 낙엽을 실컷 밟아보고 예쁜 낙엽을 주워다 모아보세요. 겨울에 눈이 쌓였다면 눈싸움도 하고, 아무래도 할 것이 없다면 아이와 배드민턴이나 캐치볼을 해도 됩니다.

처음 산에 가면 아이들이 심심해할 수 있어요. 늘 조금만 작동해도 잘 움직이는 장난감에 익숙해진 탓일 겁니다. 상상을 하며 뛰놀아야 하는 숲은 아이들에게 재미없게 느껴질 수 있습니다. 하지만 몇 번 산을 찾아가 놀이를 시도해보고 아이가 즐길 수 있을 때까지 기다려주면 곧 아이들이 반응할 겁니다. 아이들은 어른보다 훨씬 뛰어난 상상력을 가지고 있으니까요.

이내 산에서 노는 데 익숙해진 아이들은 바닥에 떨어진 나뭇가지 하나로도 마법의 빗자루를 떠올리며 다리 사이에 넣고는 콩콩 뛰기도 하고, 꽃잎 반지를 만들어 끼고는 마치 엘사 여왕이 된 양 산을 휘젓고 다닐 수도 있습니다. 개미 무리와 새를 구경하며 곤충학자 파브르가 될 수도 있어요. 숲에서의 활동은 몸으로 노는 것이기 때문에 아이의 에너지를 어른이 다 받아주기 힘들 수도 있습니다.

다자녀 가정이라면 형제자매가 함께 놀 수 있도록 지켜봐주고, 외동 가정이라면 가까운 친구 가족과 함께 놀러가도 됩니다. 부모가 놀이 상대가 되어줄 수도 있어요. 이렇게 아이와 함께하는 활동을 '운동'이라 생각해보는 것은 어떨까요? 헬스클럽에는 돈을 내고 일부러 찾아가서 운동도 하잖아요. 하지만 우리 아이와 함께 뛰놀다 보면 저절로 운동도 되고 아이와의 시간도 충분히 보낼 수 있으니 일석이조랍니다.

실컷 뛰놀다 보면 이제 집에서 준비해간 도시락을 먹을 시간입니다. 가족이 다 같이 뛰놀고 함께 즐기는 소박한 식사의 경험은 훗날 아이에게 잊지 못할 추억이 될 거예요. 이런 순간을 한 장의 사진으로 남긴다면 자녀에게 더없는 선물이 될 겁니다.

산은 낮에만 갈 수 있는 곳이 아닙니다. 밤에도 갈 수 있어요. 특히 한낮의 태양이 뜨거운 여름, 저녁 8시쯤 산에 가는 것을 추천합니다. 너무 깊은 산으로 들어가지는 말고, 산 입구 언저리에서 가로등이 켜진 곳 위주로 야간 탐험을 하면 색다른 재미를 느낄 수 있습니다. 밤이 되면 산은 낮과는 전혀 다른 모습과 경험을 우리에게 전해줍니다. 준비물로 손전등을 챙겨 가보세요. 그리고 허리를 낮춰 나무 밑동에 핀 버섯을 전등으로 비춰보고, 고개를 들어 하늘 위로 아카시아 나뭇잎도 비춰보세요. 달콤한 꽃향기와 함께 낮에는 느낄 수 없는 색다름을 만끽할 수 있습니다. 밤하늘의 풍경, 시원한 바람의 감촉, 이름 모를 작은 풀꽃, 매미와 귀뚜라미 소리와 우리들의 숨소리가 생생하게 느껴질 겁니다.

저는 어릴 적 외삼촌과의 추억을 잊을 수가 없어요. 여름 방학을 보내기 위해 도시에서 시골로 내려온 저에게 즐거운 기억을 남겨주셨거든요. 외삼촌은 모기를 쫓는 불을 마당에 피워 놓고 평상에 앉아 밤하늘을 보면서 이런저런 이야기를 해주셨어요. 이제는 어떤 내용이었는지 기억나진 않지만 매캐한 나무 내음과 외삼촌의 다정한 목소리, 밤

하늘의 별들은 여전히 생생하게 기억납니다. 그리고 그 장면을 아름다운 조각으로 간직하고 있어요. 이런 조각들을 우리 아이에게도 남겨줄 수 있다면 아이가 자라 나중에 힘든 시간을 겪을 때 꺼내볼 수 있는 추억이 될 거예요. 특히 밤 산책은 특별한 분위기 덕분에 더 강렬하게 기억할 수 있습니다. 비용 또한 전혀 들지 않죠.

주말이나 방학이 되면 아이와 어떻게 시간을 보내야 할지 고민하는 분들이 상당히 많아요. 혼자 고민하지 말고 아이와 함께 고민해보는 것은 어떨까요? 주말마다 산에 가는 것이 지루하다면 아이와 함께 계획을 세워보세요. '노세 노세, 젊어서 노세, 늙어지면 못 노나니'라는 노랫말을 생각하면서요. 이 노랫말에는 인생을 살아본 철학이 녹아 있어요. 누구나 젊을 때 마땅히 그 시간을 즐기며 재미있게 보내야 한다는 것이죠.

아이와 함께 주말 계획을 세우는 과정도 놀이가 되게 이끌어주세요. 여행은 준비할 때 가장 떨리고 신나기 마련입니다. 아이들도 마찬가지예요. 분기별로 가고 싶은 여행지나 보고 싶은 뮤지컬 같은 것들을 목록으로 만들어보세요. 몸을 움직이는 것을 즐기는 가정이라면 가족이 함께하는 마라톤도 계획해보세요. 이런 과정을 함께하면서 유대감과 친밀감도 생기게 돼요. 또 자신의 의견을 듣고 반영해주는 부모를 보며 아이는 자존감도 키울 수 있어요.

어린이 도서관에 가서 책을 읽거나 아이들이 좋아하는 물건을 파는 팬시점에서 예쁜 머리핀이나 스티커를 사는 쇼핑도 좋습니다. 입장료가 무료인 박물관에 가서 신기한 물건들을 구경하는 것도 좋고, 집에서 함께 수제비나 빵을 만드는 요리를 해도 좋습니다.

이런 활동의 계획을 월 단위로 세워둔다면 아이들은 정말 기대감에 부풀어 그 시간을 기다릴 거예요. 유치원에 와서도 친구들에게 자랑할 정도로요. 친구들에게 자기는 이번 주에 빵을 만들었고 다음 주에는 산에 간다고 자랑을 하죠.

주말마다 아이와 함께 놀러가는 데 비용이 많이 들면 부담이 될 수밖에 없고, 그러면 발걸음도 무거워집니다. 하지만 저렴하게 놀 수 있는 곳과 비용이 다소 들더라도 꼭 가고 싶은 곳들을 계획성 있게 정해두면 주말 일정도 슬기롭게 소화할 수 있습니다. 또 아이들에게 의견을 물어보면 약간의 상상력을 발휘해 적은 비용으로도 얼마든지 행복한 시간을 보낼 수 있어요. 아무쪼록 온 가족이 아이 같은 마음으로 주말을 맞이하길 바랍니다.

모든 부모는
아이를 키우며
함께 성장한다

5장

#마미태그와
대디태그

밀레니얼 부모①
부모의 자존감부터
챙겨야 하는 이유

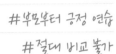
#부모부터 긍정 연습
#절대 비교 불가

현재 0~7세 사이의 자녀를 둔 부모들은 대부분 '밀레니얼 세대'입니다. 밀레니얼 세대는 1980년대 초부터 2000년대 후반까지 출생한 세대를 말해요. 베이비붐 세대의 자녀들이라 '베이비붐 에코 세대'라고도 하죠.

밀레니얼 세대는 인터넷과 모바일 등 디지털 환경을 어릴 때부터 접했고 충분한 교육을 받았어요. 또 선진국 대열로 합류하는 대한민국을 지켜봤습니다. 그런 덕분에 변화에 굉장히 잘 적응하고 변화를 두려워하지 않으며 변화를 주도하는 데 뛰어납니다. 특히 공평함과 공정함을 매우 중요하게 생각해요. 아들과 딸, 첫째와 둘째를 구별하여 지원하는 가정에서 자란 경우, 어릴 때는 힘이 없어 그냥 받아들일 수 있어요. 하지만 자라면서 부당함을 깨닫고 거부하는 목소리를 내기 시작하죠. 부부 사이에서도 한쪽의 희생보다 동반자라는 인식을 갖길 원하고 자녀 또한 공정하게 양육하려 애씁니다. 아이뿐만 아니라 자기 자신을 위해서도 끊임없이 자기계발을 하는 세대입니다. 부모라는 역할을 맡은 자신도 중요하지만, 한 개인으로서의 자신도 중요하게 여기며 사회적으로도 목소리를 높입니다.

밀레니얼 세대의 또 다른 특징은 학창 시절에 수많은 '경쟁'을 했다는 거예요. 베이비붐 세대의 부모들은 자식을 잘 가르치는 것을 최우선 과제로 생각했습니다. 자연스레 밀레니얼 세대는 좋은 학교를 나와 높은 연봉을 받는 직업을 가져야 한다는 이야기를 듣고 자랐고, 부모님이 권하는 사교육도 소화했으며, 각종 스펙 쌓기에도 열심히 도전했습니다.

하지만 자신이 노력한 만큼 많은 기회를 얻진 못했어요. 학창 시절에는 IMF, 2008년에는 세계 금융 위기, 리먼 브라더스 사태 등을 보면서 고용의 불안함을 느꼈습니다. 막상 경제 활동을 하러 세상에 나왔을 때는 줄어든 일자리에 설 곳을 잃은 채 끝없는 취준생의 대열에 합류해야 했죠. 그런 배경 덕분에 우선 나를 챙겨야겠다고 거듭 다짐한 세대이기도 합니다.

이처럼 밀레니얼 세대 부모는 어느 세대보다 높은 지성과 경험을 가진 새로운 유형의 부모입니다. 변화에 잘 적응하고 수많은 정보를 수용할 수 있는 스마트한 부모, 자신만의 주관을 육아에 적용하려는 용기까지 갖춘 부모이죠. 하지만 모든 '새로움'이 그렇듯 밀레니얼 세대 부모에게도 '불안'이 있어요.

자녀만큼은 경쟁으로부터 자유롭게 해주고 싶지만 마음 한쪽에선 그러면 안 된다는 마음, 자기를 키워준 부모의 육아 조언을 듣고 싶지 않지만 혹시나 자신이 틀린 건 아닐까 싶은 마음, 아이를 앞에 두고 자신을 챙기는 것이 이기적으로 느껴지는 마음, 각종 미디어에서 소개하는 수많은 육아 정보 속에서 자신이 제대로 따라가고 있는지 궁금한 마음이 바로 그런 불안함들입니다.

그런 불안함이 결코 나쁜 것은 아닙니다. 사실 약간의 불안함은 우리를 앞으로 나아가게 해주는 동력이기도 합니다. 독감에 걸릴지 모른다는 불안함에 예방주사를 맞고, 불안한 미래를 위해 저축을 하며, 물에 빠지는 것을 대비해 구명조끼를 입는 것처럼요. 이렇듯 불안은 우리를 조심하게 만들고 알 수 없는 미래에 대비하게 합니다. 육아에서도 건강한 불안은 언제든지, 얼마든지 생길 수 있어요. 불안한 자신의 마음을 잘 이해하고 휘둘림 없이 잘 활용한다면 조금 더 단단한, 조금 더 행복한 나만의 육아를 해나갈 수 있습니다.

✤

부모로서 서툴러도 자신에게 칭찬을 해주세요

밀레니얼 세대는 누구보다 '나'를 중요하게 생각합니다. 부모가 되었다고 달라지지 않는 그들만의 특성입니다. 사실 누구라도 자기 자신이 가장 소중합니다. 내가 건강해야 아이를 잘 돌볼 수 있고 내가 행복해야 가족에게 긍정적인 말도 할 수 있습니다.

육아를 하다 보면 그처럼 아주 소중한 '나'를 종종 잃어버리곤 합니다. 사회생활을 하면서 제아무리 자기 자신을 당당하게 주장했던 사람도 자녀 앞에서는 한없이 약해지죠. 어쩌다 아이 마음에 상처라도 줬다가는 자신이 아이를 제대로 돌보지 못했다는 생각에 한없이 작아지곤 합니다. '내가 좀 더 희생했어야 하는데' '내가 좀 더 참았어야 하는데' 하면서 질책하기도 하고요.

또 육아에 정신이 빼앗겨 있다 보면 나를 돌볼 시간이나 여유는 늘 후순위로 밀리기 일쑤라, 언제 나만의 시간을 가졌는지도 가물가물해집니다. 전업맘이라면 더욱더 나라는 존재를 잊은 것 같은 순간이 반드시 찾아오죠.

아이의 자존감을 위해 칭찬이 필수이듯, 양육자의 자존감을 위해서도 칭찬이 필요해요. 다른 사람에게 인정과 칭찬을 받는 것도 좋지만 가장 좋은 것은 스스로에게 건네는 칭찬입니다. 그리고 칭찬과 함께 스킨십도 해주세요. 처음에는 민망할지 몰라도 효과는 만점입니다. 나라는 존재가 즉각적으로 느껴지거든요.

온종일 종종거린 발에 로션을 발라주면서 속삭여주세요.

"오늘 참 고생했어. 애가 택시에서 잠들어버려서 집까지 업고 왔잖아. 발이 땡땡 부었네. 힘도 참 세지. 장해."

세수를 하면서도, 손을 마사지하면서도 하루를 돌아보며 자신에게 말을 걸어주세요.

"저녁 반찬, 내가 먹어도 참 맛있었어. 요리 솜씨가 엄청 늘었네! 멋지다!"

"너는 웃는 얼굴이 참 멋져. 내일도 웃게 해줄게."

"마음 같지 않게 아이한테 화냈지? 너무 속상했지? 다음에 또 그런 일이 생기면 화는 내지 말고 부드럽게 말해보자. 자기 전에 아이 한번 꼭 안아줘."

아이와 관련된 칭찬이 아니어도 괜찮습니다. 때로는 위로를 해줘도 괜찮아요. 그렇게 나 자신에게 칭찬을 하다 보면 내면에서 올라오는 이야기를 들을 수 있어요. 자존감 회복에도 큰 도움이 됩니다. 아이의 자존감을 위해 노력하듯 양육자의 자존감을 위해서도 노력을 아끼지 않길 바랍니다.

✚

SNS와 맘카페는 참고만!

인터넷에 능숙한 밀레니얼 세대 부모는 SNS와 맘카페에서 많은 정보를 얻고, 온라인에서 쇼핑도 하고 친구도 사귑니다. 이유식 만드는 법부터 각종 육아 관련 아이템, 교육 정보를 얻고 무료로 필요한 것을 나누는 것에도 익숙해요.

만인에게 공개된 일기장 같은 SNS는 우리 아이의 성장기를 사람들에게 자랑하기에 가장 좋은 소통 창구입니다. 나만 보기 아까운 아이의 귀여운 모습을 담은 사진과 글을 함께 남기면 여러 사람이 함께 예뻐해주죠. 그런가 하면 SNS는 답답한 속내를 터놓는 장이 되기도 합니다. 배우자나 친구에게도 할 수 없는 이야기를 일기 쓰듯 써놓으면 같은 처지의 이웃들이 댓글로 격려의 말들을 건네줘서 많은 위로가 되거든요.

맘카페는 이제 지역 사회의 공동체로 자리 잡아가고 있습니다. 같은 시기, 같은 지역에서 아이를 키우는 부모들은 서로 나눌 이야기가 굉장히 많을 수밖에 없어요. 맘카페에서 정보를 나누다 보면 때로는 마음 맞는 사람끼리 모여 친구가 되기도 합니다.

"아이가 아팠을 때 증상을 카페에 올렸더니 큰 도움이 되었어요."
"같은 단지에 사는 우리 아들 친구를 만들어줬어요."

하지만 SNS나 맘카페도 결국 사람이 모이는 곳이라 필연적으로 갈등이 생깁니다. 또 다른 사람들의 행복한 모습을 보고 있으면 상대적인 박탈감을 느끼기도 해요. SNS로 이어진 이웃들의 담벼락을 보고 있노라면, 어디서 그렇게 돈이 생기는지 틈만 나면 해외여행을 가는 것 같죠. 엄마도 아빠도 모델처럼 멋지게 차려입고, 아이도 한껏 멋을 부려 입히고서 해외 리조트를 배경으로 찍은 인증샷들이 한가득이에요. 우리 가족은 외국에 그렇게 자주 나갈 만큼의 경제적 여유도 시간도 없는 형편이라, 부럽기도 하고 아이에게 미안해지기도 합니다. 평범한 일상샷이라고 올라오는 것들도 하나같이 화려하기만 합니다. 비싼 사교육을 받고 있는 아이들의 사진, 명품 책가방을 아이에게 사주고 찍은 사진, 어쩌다 등장하는 요리 사진도 얼마나 고급스러워 보이는지 몰라요.

SNS에 보여지는 것이 전부가 아니라는 것을 알지만, 그 이면에 수많은 갈등이 있다는 것도 잘 알지만 막상 그들의 사진들을 보고 나면 어쩐지 나 자신과 비교하게 되고 움츠러드는 게 사실입니다. 전문가들도 SNS를 자주 활용하는 사람은 그러지 않는 사람보다 행복도가 떨어진다고 말합니다.

심리학적 지식을 바탕으로 평범한 일상에서 살아가는 지혜를 다루고 있는 변금주 작가의 《게으르면 좀 어때서!》라는 책을 보면 SNS와 거리를 두어야 하는 이유를 잘 설명하고 있습니다. 첫째, 완벽해 보이는 생활은 사실 '환영'에 가깝기 때문에 보이는 일부분으로 나 자신을 평가할 필요는 없다는 것. 둘째, 인생은 꽤 공평하지 않다는 불편한 진실을 인정해야 한다는 것. (유리하게 시작하는 사람도 분명 있으니까요.) 셋째, 나보다 나아 보이는 사람이나 나보다 어려워 보이는 사람과 비교하는 행위는 결국 자존감에 도움이 되지 않는다는 것입니다.

SNS도 맘카페도 아이와 자신에게 필요한 정보를 찾아보는 작은 소통의 창구로만 지혜롭게 사용하는 것이 좋지 않을까요. 그곳에서 상처받고 상대적 박탈감을 느낀다면 거리를 두길 권합니다. SNS에 올릴 사진을 찍느라 시간을 빼앗기는 대신 나와 우리 아이의 눈을 다정하게 쳐다보길 권하고 싶습니다.

밀레니얼 부모 ②

물질로 채우지 못하는
사랑의 육아법

#흔들리지 않는 부모
#최고의 선물은 추억

언제부턴가 '가성비'라는 말이 유행입니다. 가격 대비 성능이 좋은 것을 일컫는 말인 가성비는 밀레니얼 세대가 물건을 살 때 따지는 하나의 기준이에요. 어차피 사야 하는 제품이나 서비스라면 저렴한 가격으로 구매해서 최대의 효과를 누릴 때 바로 가성비가 좋다고 말합니다. 하지만 가성비는 저렴한 가격만을 뜻하는 것은 아니에요. 다소 비싼 값을 치렀더라도 오래 쓸 수 있거나, 쉬는 시간을 벌어주거나, 새로운 경험을 제공하거나, 심리적 만족도가 높다면 그것 역시 가성비가 좋다고 말합니다.

의류 건조기와 로봇 청소기, 식기 세척기 등 가사 노동의 수고를 덜

어주는 제품들이 바로 '시간의 가성비'를 반영한 것들입니다. 다소 비싼 가격의 전자 제품이지만 노동을 최소로 들이면서 효과를 최대로 누릴 수 있도록 도와주니까요.

가성비를 따질 때 재미있는 것을 하나 발견할 수 있습니다. 바로 '우선순위'입니다. 가사 노동의 수고를 줄이는 것을 우선으로 고려한다면 가전제품을 마련하고, 부족한 음식 솜씨를 보완하고자 한다면 반조리식품을 활용할 수 있겠죠. 자신이 더 중요하게 생각하는 것, 꼭 필요한 것들의 순위를 매겨 얼마가 됐든 기꺼이 비용을 지불하는 것이 바로 우선순위를 따지는 과정입니다.

✚

무엇이 중요한지, 무엇을 할 수 있는지를 알아보세요

가성비의 개념을 육아에도 적용해보면 어떨까요? 육아와 가성비를 함께 고려할 때는 '가격 대비 성능'이라는 문자 그대로의 의미나 '시간을 줄여주는 것' 같은 효과보다는 우선순위에 초점을 두는 것이 더 현실적으로 도움이 됩니다. 육아에서 가장 중요하게 생각하는 상위 항목에 최대한의 공력과 사랑을 쏟아붓는 것이 바로 육아 가성비를 높이는 것이에요.

지금 우리 아이의 연령에서, 지금 우리 아이가 처한 상황에서 무엇이

가장 필요한지를 파악해 사랑을 담아 함께한다면 어떤 것보다도 최고의 효율을 자랑하는 육아를 해낼 수 있습니다. 지금 아이가 무엇을 원하는지 살펴보세요. 학습지보다 아빠와의 산책이나 엄마와 함께 노래 부르는 것을 중요하게 생각할 수 있어요. 사춘기가 되고 성인이 되면 더 이상 부모와 함께할 수 없는 것들이 있습니다. 그리고 아이에게 가장 필요한 것은 지금 부모와 함께 보내는 사랑의 시간일 거예요.

육아 가성비도 자신이 할 수 있는 일에 주목하는 것을 의미합니다. 약점보다는 강점에, 못 하는 것보다는 할 수 있는 것에 집중하는 것이지요.

한 예능프로그램에서 방송인 황광희 씨가 이런 질문을 받았어요.

"어머니가 어떤 음식을 제일 잘하세요?"
"우리 엄마 음식 못해요."

옆에서 그 말을 들은 사람들이 웃더군요. 아마도 엄마라면 누구나 요리를 잘해야 한다는 선입관이 머릿속에 각인돼 있어 그랬을 겁니다. 그런데 황광희 씨는 정색하면서 이렇게 대답했습니다.

"우리 엄마 좋은 엄마예요. 열심히 일해서 저 잘 키워주셨어요. 음식은 밖에서 사 먹으면 되죠."

정말 현명한 대답이었다고 생각합니다. 그리고 그의 말처럼 그의 어머니는 항상 아들을 위해 기도하는 엄마였다고 해요. 음식 솜씨는 조금 부족할지 몰라도 사랑과 정성은 부족하지 않은 어머니였던 것이지요.

음식 좀 못하면 어떻고, 좋은 물건 못 사주면 어떻습니까. 내가 할 수 있는 것으로 사랑을 표현한다면 아이는 그 마음을 충분히 느끼고 알아줍니다. 그리고 정성으로 양육한 아이는 절대 비뚤어지지 않아요.

양육자의 성향에 따라 아이에게 조근조근 다정한 이야기를 못할 수도 있어요. 그런 양육자라도 아이와 함께 몸으로 놀아주는 것은 잘할 수 있을 겁니다. 아이의 공부를 꼼꼼하게 봐주지는 못할 수 있습니다. 하지만 같이 노래하고 춤추는 것은 잘할 수 있지요. 내가 할 수 있는 것, 가장 잘하는 것이 무엇인지를 생각해 자녀와 함께 해보길 바랍니다. 아마 최고의 가성비를 자랑하는 사랑을 전해줄 수 있을 겁니다.

✚

사랑에는 돈이 들지 않습니다

물질을 중요하게 여기는 시대이다 보니 사랑도 물질로 표현하는 것을 당연하게 여기는 것 같습니다. 하지만 사랑에는 사실 돈이 들지 않아요. 지금 이 책을 읽는 부모라면 어린 시절에 행복했던 기억을 한번 떠올려보세요. 애타게 갖고 싶었던 장난감이나 옷이 기억에 남을 수도 있지만, 평범하고 일상적인 기억들, 가족과 함께했던 어느 한 순간이 더 생각나지 않나요?

아빠가 공원에서 만들어줬던 풀꽃 반지를 손에 끼고 까르르 웃던 추억, 엄마가 쪄준 찐빵을 호호 불어가며 먹은 기억, 그리고 그때의 분위기와 냄새 등은 어른이 되어서도 사랑의 울타리가 돼 아이를 지켜줍니다. 그런 추억은 돈을 주고도 살 수 없는 것이기도 해요.

저도 일하는 엄마여서 아이들이 집에 돌아와도 살뜰하게 맞이할 시간이 별로 없었어요. 하지만 양보다 질이라고 했습니다. 편지를 통해서라도 평소 아이들에게 전하고픈 사랑을 표현하면 되지 않을까 생각했습니다.

딸아이가 초등학교 2학년 때였어요. 아이에게 편지를 써주고 싶은데 예쁜 종이가 보이질 않아서 화장지를 톡 뽑아 간단히 몇 줄 적었습니다.

"미중아, 오늘 학교 잘 갔다 왔어? 엄마도 보고 싶지만 조금만 기다려. 우리 미중이 사랑해! ♥♥"

화장지에 적다 보니 글자는 삐뚤빼뚤했지요. 그런데 화장지에 썼던 초라한 편지를 딸아이가 지금까지도 기억하더라고요. 그 아이가 벌써 아이 셋을 키우는 엄마가 됐네요.

아들 녀석에게도 편지를 썼었습니다. 아이가 고등학교 1학년 때였어요. 집에서 책을 보던 중이었는데, 아이가 내 생명보다 소중한 존재라는 내용이 눈에 확 들어왔습니다. 지금 바로 써먹지 않으면 잊어버릴 것 같았죠. 아들이 돌아올 시간이 다 되어서 마음이 급했던지 종이도 눈에 쉽게 들어오지 않았습니다. 때마침 신문의 광고란 여백이 눈에 들어왔어요. 반가운 마음에 신문을 찢어서 방금 배운 글귀를 적었습니다.

"익중아, 넌 내 생명보다 소중한 존재야."

그렇게 아들 책상 위에 쪽지를 올려두고 아이를 맞이해주기도 했었습니다.

요즘은 아이들이 교육기관이나 학원에서 지내는 시간이 많아 부모와 오붓하게 시간을 보낼 여유가 적습니다. 하지만 얼마나 오래 함께하는지보다 얼마나 깊게 함께하는지가 더 중요하지 않을까요. 양육자가 조금만 마음을 기울이면 자신을 얼마나 사랑하는지 아이들도 느낄 수 있습니다. 마음과 마음을 나누는 데는 물질적인 것이 중요하지 않습니다.

자기 주관이 뚜렷하고 현실적인 판단에 능한 밀레니얼 세대 부모들이라면 현명하게 아이를 키워나갈 수 있으리라 생각합니다. 하지만 육아 앞에서는 저조차도 가끔씩 주관이 흔들리기도 해요. 옆집 아이의 수학 실력에 마음이 흔들리고, 친정이나 시댁 어르신들의 잔소리에 마음이 흔들리고, SNS에 올라온 친구의 값비싼 책가방 사진에 마음이 마구마구 흔들려요. 누구라도 그럴 수 있습니다.

육아가 처음이라서, 다섯 살 아이를 키우는 게 처음이라서, 두 아이를 키우는 게 처음이라서 누구나 당연하게 겪는 어려움입니다. 세상 모든 부모가 겪는 어려움이며 그런 어려움을 겪으면서 부모로 성장하게 되는 것입니다. 나무도 흔들려야 단단한 뿌리를 갖게 되고 비를 맞아야 잎과 열매를 맺을 수 있습니다. 나의 불안함이 하나도 그릇된 것이 없으며, 우리 가정의 앞길에 비료가 되는 것임을 생각하며 아이와 함께 굳건하게 성장하길 바랍니다. 나 자신이 모든 것을 잘 조율해내고, 잘 적응할 줄 알며, 새로움을 만들어나가는 밀레니얼 세대 부모라는 것을 믿으면서요.

현명한 부모로
타고나는 사람은 없다

#내면 아이와 거울 육아

#육아 성장통

여섯 살 서준이 엄마가 고민을 털어놓습니다.

　"서준이가 유치원에서 친구를 자꾸 때리고 말도 함부로 한다고
해서 너무 속상해요. 남편 닮아서 그런 게 아닐까 싶기도 하고요. 사
실 제 남편이 좀 자기중심적 성향이 강하고 화가 나면 막말을 진짜 심
하게 하거든요. 서준이한테는 조용히 한글 공부하라고 해놓고 소파
에 누워 TV 볼륨을 한껏 높여서 보곤 해요. 그러다가 서준이가 '아빠,
놀아줘요~.'라고 하면 버럭 화를 내고요. 자꾸 그러니까 서준이가 아
빠 있을 때면 눈치를 봐요. 얼마나 속상하던지…. 저라도 좋은 말을

해주려고 하는데 집안 분위기가 그러니까 여간 어려운 게 아니에요. 저희 시부모님도 자기중심적이세요. 남들 생각은 안 하고 당신 기분에 따라 화를 냈다가 웃었다가 하는데 시부모님을 보고 있을 때면 딱 서준이 아빠 보는 것 같아요."

　많은 양육자가 서준이네 가정 같은 고민거리를 갖고 있습니다. 보통 부부는 두 사람의 성인 남녀가 만나는 것으로 끝이 아닙니다. 어린 시절의 남편, 어린 시절의 아내까지 네 사람이 만난다고 하죠. 그리고 여기에 네 사람이 더 추가돼요. 바로 엄마와 아빠의 부모, 즉 아이의 조부모까지 포함됩니다. 지금 나열한 모든 사람의 성격과 그들이 겪어온 인생의 상황과 문제까지도 모두 한 가정에 영향을 미칩니다.

　간혹 가정 문제의 원인을 조부모에게서 찾는 경우가 있어요.

　"시아버지가 권위적이고 말수가 없는 편인데 남편도 그래요."
　"장모님이 워낙 이기적이고 당신 말이 무조건 옳다고 하시는 분인데 아내도 똑같아요."

　개인의 성향에 대한 불만에 양가의 양육 방식의 차이까지 더해져 서로 비교를 하기 시작하면 부부간의 싸움은 그야말로 점입가경입니다.

"친정아버지는 정말 자식을 위해서 희생하신 분이에요. 그런데 시아버지는 자기밖에 몰라요. 남편은 안 그랬으면 좋겠는데 시아버지랑 똑같은 거 있죠. 애한테도 양보를 하지 않는데, 우리 아버지랑 진짜 비교돼요."

"우리 어머니는 자식이 하는 말은 다 들어주셨어요. 또 아무리 힘들어도 저희 밥은 꼬박꼬박 챙겨주셨는데 아내는 자기 몸만 편하려고 해요. 엄마가 저래도 되나요?"

지금껏 살아오면서 가장 가까이에서 지켜본 부모와 성인이 되어 만난 지금의 배우자를 비교하는 것은 어쩌면 자연스러운 일입니다. 부모가 유일한 역할 모델이니까요. 그런데 자신의 부모와 배우자를 비교하는 마음을 들여다보면 자신이 보고 싶은 대로 보는 식의 비교라는 것을 알 수 있습니다. 나의 아버지는 분명 자식을 위해 희생하셨겠지만, 어머니에게는 다정하지 않았을 수도 있습니다. 나의 어머니는 자식의 말을 다 들어주셨지만 그만큼 잔소리가 심하셨을 수도 있어요. 보고 싶지 않은 단점은 쏙 빼고 보고 싶은 장점만 골라 지금의 배우자와 비교한다면 배우자는 영원토록 자신의 부모에게 한참 못 미치는 양육자가 되고 맙니다.

왜 이런 비교를 하게 되는 것일까요? 그것은 바로 상대방의 약점이나 상처는 쉽게 눈에 들어오기 때문입니다. 그리고 상대방의 흠을 이용하면 비교의 효과를 극대화할 수 있기 때문이죠. 하지만 그런 악의적인 비교는 설명이 필요 없을 만큼 나쁜 방법이에요.

"장인 장모가 이혼을 하셨어요. 이혼한 게 나쁜 건 아니지만… 아내가 화만 나면 이혼하자고 하는데 이혼 가정에서 자라서 그런 걸까요?"
"시아버지가 그렇게 폭력적이었다고 하네요. 남편도 많이 맞았다고 하고요. 좋은 가정에서 자란 배우자를 만나야 된다고 하던데, 저희 남편은 아닌 것 같아요. 가끔 눈빛이 확 변하거든요."

결혼 상대를 찾을 때 흔히 하는 말들이 있습니다. '좋은 가정에서 탈 없이 자란 사람을 만나야 한다'는 것입니다. 그런데 좋은 가정이 과연 몇이나 될까요? 좋은 가정이 도대체 무엇을 의미하는 걸까요? 또 좋은 가정에서 자라지 못한 사람은 좋은 부모가 될 수 없는 걸까요?
사람들이 말하는 '좋은 가정'은 사실 허상에 가깝습니다. 양친이 있고 경제적으로 풍요로우며 서로 웃음꽃이 만발한 가정은 광고 속에서 연출된 사진과도 같아요. 대부분의 가정은 부족한 사람들이 만나지지고 볶으며 서로의 부족한 부분을 채워가는 공동체입니다. 때로는 서로의 부족한 부분을 제대로 채우지 못한 가정도 있지요. 그리고 부족한 것이 많은 가정에서 자랐다 하더라도 내가 꾸린 나의 가정은 얼마든지 새로운 역사를 쓸 수 있어요.

원가정은 우리가 선택할 수 없는 불가항력의 환경입니다. 만약 나와 배우자의 원가정에 어떤 문제가 있었다면 그것을 잘 살펴서 지금의 가정에서는 되풀이하지 않아야겠죠. 배우자의 부모가 이러니까, 배우자는 저렇게 자랐으니까 하는 부정적 시각은 전혀 도움이 되지 않아요. 오히려 배우자에게 크나큰 상처를 줄 뿐입니다.

이제 우리가 할 일은 더 이상 상처를 되풀이하지 않고, 아이에게 상처를 물려주지 않고, 우리 대에서 아픔을 끝내는 일이에요. 그러려면 자신의 결점을 솔직하게 털어놓고 배우자에게 먼저 도움을 요청해야 합니다. 진심 어린 고백은 가정의 문제를 알아내는 동시에 배우자에게도 자신을 돌아보는 기회가 될 겁니다.

"내가 빨리빨리 하라고 재촉하는 부모님 밑에서 자라다 보니 당신하고 아이한테도 자꾸 강요하게 돼. 고치도록 노력해볼게. 도와줘."

그럼 배우자도 자신을 돌아보게 됩니다.

"내가 애정 표현 없는 집에서 자라서 그런지 애한테 어떻게 사랑한다고 해야 할지 모르겠어. 마음은 그렇지 않은데 어색하고 힘이 드네. 도와줘."

자신의 과거에 대한 솔직한 자각과 진지한 도움 요청을 하기까지 오랜 시간이 걸릴 수도 있습니다. 자각을 했더라도 서로 인정하기까지 시간이 필요할 수도 있고요. 이럴 때는 징검다리를 하나씩 놓듯이 함께 헤쳐나가는 지혜가 필요합니다. 아이를 키우는 것은 부모도 함께 자란다는 뜻입니다. 성장에는 반드시 성장통이 따르기 마련입니다. 그런 성장통을 잘 받아들이면 이전과는 전혀 다른 세상이 펼쳐질 겁니다.

간혹 아이를 키우면서 자기 자신과 화해하고 세상과 화해하게 되었다는 양육자들이 있습니다. 아이를 거울 삼아 자신을 돌아보게 되고, 힘들었던 과거의 자신을 어루만지고, 지금 곁에 있는 배우자를 측은지심으로 바라보고 더 사랑하게 되었다고 해요. 그처럼 육아는 양육자에게도 새로운 세상이 열리는 축복의 과정입니다.

육아의 비밀 열쇠가 담긴
부모의 뿌리감정

#섭섭빵과 사랑빵

#사랑의 기억

어느 날 딸과 수다를 떨다가 무심결에 제 이야기를 하게 되었어요.

"엄마는 외할머니 돌아가시면 무덤에서 풀 뜯으며 할 얘기가 있어."

"그게 뭔데요?"

"엄마가 어릴 때 외할머니가 카스텔라 심부름을 자주 시켰거든. 그런데 심부름을 시켰으면서도 카스텔라는 안 주셨어. 그 얘기를 하고 싶어. '왜 저는 안 주셨어요? 아니 왜 그러셨어요?' 하고 풀 뜯으면서 이야기할 거야."

"그걸 왜 풀 뜯으면서 말해요? 지금이라도 당장 말씀드리세요."

"예전에 얘기한 적 있는데, 그때 할머니가 그냥 대수롭지 않게 '어 그랬냐?' 하고 넘어가시더라고. 다시 얘기하려고 하니까 괜히 빵 쪼가리 가지고 쪼잔해지는 것 같고 좀 그러네."

"그래도 다시 한번 말해보세요."

저는 삼남매 중 둘째로 태어났습니다. 아버지는 제게 서울에서 착하게 살라는 의미로 서울 '경', 착할 '선', 경선이라는 이름을 지어주셨죠. 그 시절의 대부분 둘째가 그랬듯, 저도 부모님과 오빠의 심부름을 잘 들어주고, 동생도 잘 보살피는 눈치 빠른 아이로 자랐습니다. 물론 이리저리 치이기도 했죠.

사람을 행동하게 만드는 '감정에 대한 감정'을 보통 '초감정meta-emotion'이라 합니다. 저는 초감정을 '뿌리 감정'이라고 불러요. 뿌리 감정은 슬픔이나 기쁨, 놀라움, 분노 등 어떤 감정의 기초를 맡고 있는 감정이에요. 어떤 사건이나 사물을 마주쳤을 때 자신이 살아오면서 경험한 것들, 사건, 배움 등이 뒤섞여 나타나는 반응이라고 할 수 있죠. 그런 만큼 사람마다 뿌리 감정은 다릅니다. 가령 '필통'을 보며 어떤 이는 '슬픔'을 느끼고, 어떤 이는 '기쁨'을 느낍니다. 필통에 대한 경험과 기억이 각각 다르기 때문이에요.

뿌리 감정은 육아에도 많은 영향을 끼칩니다. 가령 아이가 장난감이 망가져 울고 있다면, 장난감에 대한 아이의 뿌리 감정은 '슬픔'이나 '상실감'으로 굳어집니다. 하지만 양육자는 다른 감정을 느낄 수 있습니다. 아이에게 튼튼하지 않은 장난감을 준 것 같아 '미안함'이 생길 수 있고, 아이가 우는 것에 초점을 맞춰 '짜증'이 날 수도 있어요. 이때 나의 감정을 표현하면 자녀에게는 장난감이 망가져 우는 행동이 다른 경험으로 자리 잡습니다. '울면 엄마가 짜증을 내' 혹은 '울면 엄마가 위로해줘' '장난감 망가뜨리면 큰일 나'처럼요. 이런 경험이 반복되고 학습되면 자녀는 감정을 억누를 수도, 마음껏 발산할 수도, 왜곡된 감정을 가질 수도 있어요. 그런 만큼 자신과 배우자의 뿌리 감정을 알아내는 것은 육아라는 긴 항해의 방향을 설정하는 시작점이 됩니다. 우리 가정에 흐르는 이상 기류의 원인을 찾아내는 일이니까요.

제가 '카스텔라'에 느끼는 뿌리 감정은 '슬픔'과 '사랑받고 싶은 마음'이었습니다. 저는 딸의 말에 용기를 얻어 어머니와 이야기를 해보기로 했어요. 예쁘게 차려입고 과일도 잔뜩 사서 친정에 놀러 갔습니다.

"엄마, 옛날에 제일상회라고 도매상회가 있었는데, 기억하세요? 한 개에 7원, 세 개에 20원짜리 카스텔라를 팔았었죠. 동생이 어릴 때 입이 짧은 탓에 밥도 잘 안 먹는다고 엄마가 밥 대신 자주 주셨잖아요. 제가 아홉 살이었는데 추우나 더우나 진짜 열심히 카스텔라 심부름을 다녔었죠. 그때 저도 좀 주시지 그랬어요. 세 개나 있었으니 저도 좀 주셨으면 됐을 텐데요. 그게 얼마나 먹고 싶었는지 오십이 넘었는데도 자꾸 생각이 나요."

"그래, 어쩌지? 나는 생각이 안 나네."

어머니는 가만히 생각을 더듬으시다가 제 손을 잡아주셨어요.

"내가 왜 그랬지? 어, 지금 생각하니 정말 미안하네."

그때 눈물이 콱 터지고 말았습니다. 제게 카스텔라는 단순한 빵이 아니었어요. 어머니에게 받고 싶었던 사랑이었죠. 삼남매에서 중간에 낀 저도 소중한 아이라고 늘 확인받고 싶었던 거예요. 아마 이 책을 읽고 계신 분들 중에도 각자의 카스텔라 사건이 있을 거라 생각됩니다.

그렇게 카스텔라에 많은 감정을 가진 제가 빵집에 가면 무엇을 집을까요? 어렸을 때 그토록 먹고 싶었던 카스텔라? 아닙니다. 저는 꼭 단팥빵을 사요. 아버지가 생각나기 때문입니다. 6학년 때 어머니가 몸살을 앓으신 적이 있어요. 그때 아픈 어머니를 돕는다고 청소도 하고 설거지도 했습니다. 열심히 한다고 했지만 초등학생이 하면 얼마나 잘했겠어요? 아무튼 그날 아버지가 집에 돌아오시면서 '경선아' 하고 까만 비닐봉지를 건네주셨어요. 무엇이 들었을지 궁금해 살펴봤습니다. 그 속에는 먹음직스런 단팥빵이 들어 있었습니다. 얼마나 뿌듯하고 아버지에게 감사했는지 몰라요.

그 빵은 아버지의 사랑을 느끼게 해주는 빵이었습니다. 어설퍼도 열심히 집안일을 한 저에게 주는 격려였고, 관심이었습니다. 그런 아버지의 사랑이 아직도 제 가슴속에 남아 있습니다. 그래서 저는 그때의 단팥빵을 '사랑빵'이라고 부릅니다. 카스텔라는 '섭섭빵'이라고 불러요. 지금 부모님 두 분은 모두 하늘나라에 계십니다. 그분들의 사랑 때문에 오늘의 제가 있을 수 있었습니다. 그래서 카스텔라와 단팥빵을 보면 지금도 마음이 따뜻해지고 부모님이 그리워져요.

아이를 키우는 가정에서는 사랑빵을 많이 주고받아야 합니다. 그리고 제 가슴속에 남아 있는 카스텔라 같은 섭섭빵이 있다면 솔직하게 꺼내어 이야기하고 위로와 사과를 주고받아야 해요. 사랑빵의 시작은 나 자신의 뿌리 감정을 솔직하게 마주하고 받아들이는 것입니다. 만약 아이가 짜증을 내는 모습에 참을 수 없이 화가 나 소리를 지른다면 '왜' 자신이 그러는 것인지를 잘 생각해봐야 해요.

'애가 짜증을 낼 수도 있지. 그런데 왜 자꾸 화가 날까? 맞아. 어릴 때 우리 아버지는 항상 조용히 하라고 하셨어. 큰 소리로 웃어도 안 되고 시끄럽게 뛰어도 안 됐지. 그러다 보니 내 마음을 표현하는 게 어색하고 자기 뜻대로 표현하는 사람들이 예의 없게 느껴졌어. 배려를 안 하는 것 같았거든. 때로는 부럽기도 했지만 말이야. 그런데 이런 나의 마음을 아이한테 표현하고 있구나. 아이가 짜증을 내는 게 잘못된 것

처럼 느끼는 거야.'

이런 뿌리 감정을 마주하게 되면 부부 사이에서도 서로를 이해하는 데 도움이 됩니다.

'아내는 자꾸 내가 뭘 했는지 확인해. 성격이 꼼꼼해서 그런 것인데, 나는 너무 화가 나. 내가 아이도 아니고 알아서 할 텐데 왜 자꾸 저러는지 모르겠어. 근데 내가 화를 내니까 아내가 묻고 싶어도 못 묻고 눈치를 봐. 그게 더 짜증 나. 나는 도대체 왜 이럴까? 어머니는 아내보다 훨씬 더 확인하는 성격이었고 잔소리도 너무 지긋지긋했어. 아내가 확인하는 건 싫지만 내 눈치를 보는 건 더 싫어.'

뿌리 감정은 때로 단순할 수 있지만 굉장히 복잡한 감정이 섞여 있을 수도 있어요. 그래서 하나의 사건이 빚어낸 하나의 감정이라고 단정 짓기 어렵습니다. 하지만 이런 문제를 '자각'했다면, 원인을 찾아보려 '시도'했다면 그것만으로도 절반 이상은 해결한 것이나 다름없어요. 뿌리 감정을 알아차리면 부정적 표현을 줄이는 데에도 큰 도움이 되고 해결의 실마리도 찾을 수 있습니다.

간혹 자신의 뿌리 감정과 화해하기 위해 가족과 대화를 시도했다가 거절을 당하는 경우도 있습니다. 제가 처음 카스텔라 이야기를 어머니께 꺼냈을 때 '어, 그랬니?' 하는 대답이 돌아왔던 것처럼 말이죠. 정말 어렵게 부모님이나 배우자에게 꺼낸 이야기인데, 그처럼 무심한 반응이 돌아오면 실망하고 때로 분노하기도 합니다. 그래서 뿌리 감정은 나 자신과의 대화, 나 자신과의 화해를 먼저 시도해야 합니다. 상대방과 이야기하지 않아도 괜찮을 만큼 충분히 자신을 위로해야 해요. 그래야 상대방의 무덤덤한 반응에도 상처받지 않고 앞으로 나아갈 수 있습니다.

뿌리 감정을 마주하는 것은 가족 간의 잘잘못을 따지는 것이 목적이 아닙니다. 나와 배우자가 왜 그런 행동을 하는지를 이해하고, 아이에게, 내 안의 작은 아이에게, 나처럼 사랑이 필요한 배우자에게 사랑빵을 충분히 주기 위해서예요. 사랑빵은 상대가 원하는 것, 인정받고 싶은 것, 말로는 표현하지 못하는 것을 채워줄 때 가장 효과적입니다. 때로 귀찮고 어색하더라도 용기를 내어 사랑을 표현해보길 바랍니다.

고생하는 아내에게 퇴근길 뜨끈한 만두라도 한 팩 사다 주며 "당신, 이거 좋아하지? 연애할 때 잘 먹었잖아." 하면서 건네고, 힘든 시간을 보내고 있는 남편에게 "항상 애써줘서 고마워. 자기 좋아하는 음악 담았어." 하며 출퇴근길에 들을 음악을 선물해보세요. 주말에는 세상 누구보다 귀한 우리 아이가 제일 좋아하는 술래잡기를 실컷 하며 소중한 시간을 보내보세요. 그리고 이러한 사랑을 해낸 자신에게 아낌없는 응원을 보내길 바랍니다.

아이와 평생 단 한 번 보내는
기쁨의 시간

#축복의 시간
#육아의 기쁨

저희 집 아들이 유치원에 다닐 때였습니다. 당시 한 반 정원이 50명인 병설 유치원에 다녔었죠. 선생님 혼자 그 많은 아이들을 관리해야 하니 얼마나 힘들었을까요? 아이를 하나하나 살필 겨를이 없으니 아이들끼리 노는 일이 다반사였을 겁니다. 그중에서 조금 두드러지는 아이가 있더라도 선생님이 한 아이만 챙기기도 불가능했어요.

아들은 어릴 때부터 책을 좋아해서 그런지 수업에 큰 재미를 못 느꼈습니다. 그래서 허구한 날 딴짓하다가 선생님에게 멍 때리는 아이로 각인되고 말았죠. 거기까지만 해도 참 다행일 텐데 말썽은 또 어찌나 부렸는지 말도 못합니다.

한번은 구멍이 나 있는 교실 나뭇바닥에 교실 열쇠를 요리조리 맞춰봤었나 봐요. 그러다 열쇠를 빠뜨리는 바람에 선생님이 저를 호출하셨어요. 변명의 여지없이 변상을 해야 했습니다. 또 집중력은 남달라서 개미를 정신없이 쫓아가다가 벽에 부딪히기도 하고, 산에 가서는 개울가의 물고기를 잡겠다며 운동화를 벗어 물속을 휘젓기도 했었죠. 정말 말썽쟁이에 골칫덩어리였어요. 하지만 그것이 과학자가 되기 위한 과정이었는데… 그땐 그것을 몰랐습니다.

조금 자라서는 또 다른 골치가 기다리고 있었습니다. 초등학교 때 학부모 상담을 갔는데 선생님이 아이의 숙제 문제를 이야기하는 것이었어요. 숙제 발표를 시켰는데, 집에서 해온 것이 아니라 즉석에서 둘러대더라는 것이죠. 나중에 알고 보니 게임에 정신이 팔려서 숙제를 못 한 거였습니다. 세뱃돈을 모아놓은 통장에서 돈을 찾아서 게임방에 다 갖다 바친 것이었죠.

그 사실을 알게 된 아빠는 그냥 두면 큰일 난다면서 회초리로 때리기 시작했어요. 무척 아팠을 테지만, 저는 아이 아빠를 말리지 않고 그냥 독한 마음으로 지켜봤습니다. 아마 마음속으로 같이 때렸는지도 몰라요. '절대로 안 돼! 이렇게 게임에 빠지면 중독돼서 앞날을 망치는 거야!' 하지만 지금 생각하면 어찌나 미안한지 모릅니다. 그런데 그것도 성장하면서 겪는 과정이더라고요. 아들은 지금 미국 일리노이에서 박사 학위를 받고 과학자의 삶을 살고 있습니다. 그때는 큰일이라도 난 것 같았지만 사실 지나고 보니까 별것 아닌 일이었어요.

지금 부모들은 그들의 부모 세대와는 다른 어려움을 겪고 있어요. 저만 해도 아이를 키우는 환경이 지금과 달리 매우 어려웠죠.

요즘 부모들은 생활환경 면에서는 편리해졌지만, 색다른 어려움을 겪고 있는 듯합니다. 뉴스며 인터넷을 열어보기만 하면 온갖 사건 사고가 연일 넘쳐나고, 하루하루가 다르게 살아가는 풍경도 달라지는 가운데 아이들의 에너지까지 부모가 다 받아줘야 하는 세상입니다. 게다가 워킹맘은 일하면서 육아에 살림까지 감당하느라 시간이 모자라 힘들고 전업맘은 온종일 아이에게 시달리느라 자기 정체성에 대한 깊은 고민에 빠지기도 하지만 좀처럼 마음을 위로하는 대답을 들을 수 없습니다.

좋은 부모가 되기 위해 부모 교육 영상도 찾아보고 자녀교육서도 읽어보지만 막상 아이 앞에 서면 성질이 나고 몸도 따라주지 않아요. 장난이 심한 남자아이 둘을 키우기라도 하면 날마다 정글 속을 헤매는 듯한 기분이라고 해요. 무사히 정글 숲을 빠져나온 것도 잠시 악어 두 마리는 또다시 서로 물어뜯고 난리가 납니다. 그런 만큼 요즘 어린 자녀를 키우는 부모들이 부모 노릇하기 힘들다는 말을 들으면 너무나 측은한 마음이 들어요.

그런데 저는 그런 힘든 시간이 가장 기쁜 시간이라고 말씀드리고 싶어요. 나중에 시간이 지나고 나면 그런 순간이 그리워질 거라고 말이죠. 이런 저에게 아무것도 모르면서 무슨 소리냐고 하실 수도 있어요. 사실 저는 지금 제 고백 같은 말을 드리고 있어요. 제 아이들이 어렸을 때가 참 그립습니다. 아이가 유치원 다닐 때 말썽부렸던 것도 학창 시절에 부모 속을 썩였던 것도 이제는 다 추억이고 그립습니다.

제 말에 공감하지 못할 수도 있습니다. 지금 이 책을 보는 부모들은 대부분 유치원을 다니는 아이를 뒀을 겁니다. 그렇다면 갓난아이였을 때를 떠올려보세요. 처음으로 눈을 맞추고, 눈물을 왈칵 쏟으면서도 엄마 옷자락을 꼭 붙잡고, 제대로 걷지도 못하면서 아장아장 걸었을 때를 생각해보세요. 얼마나 예뻤었는지 생각해보세요. 다시는 돌아갈 수 없는 시간입니다. 당시에는 잠도 제대로 못 자고 화장실도 못 가고 제대로 먹지도 못했지만 오직 그때만 즐길 수 있는 기쁨의 시간들입니다.

가끔 거리를 걷다가 유아차에 탄 아기를 보면 어떤 마음이 드나요? 아이 엄마가 힘들겠다는 생각이 들다가도 아기의 얼굴을 한번 보고 싶지 않나요? 오직 그때만 볼 수 있는 천사 같은 얼굴, 몸살 나게 울기도 하지만 금세 방긋 웃는 아기 얼굴을 떠올려보세요. 만약 우리 아이의 어린 시절을 떠올리며 갓난아기처럼 안아주고 얼러주려 한다면 아마도 "엄마, 왜 그래요? 저 아기 아니고 언니예요." 할지도 몰라요.

아이를 키운다는 것은 참으로 많은 어려움과 함께 많은 기쁨도 경험한다는 것을 의미합니다. 특히 유년기 자녀들은 계단을 하나하나

밟듯 올라가면서 성장해가는 기쁨을 줘요. 하지만 어제까지만 해도 '엄마! 엄마!'를 외치던 아이들이 초등학교 고학년만 돼도 엄마를 덜 찾게 되고, 중학생이 되면 아예 방문을 닫고 들어가버립니다. 고등학생이 되면 이제 "엄마는 몰라도 돼!" 하며 대화를 하려고 들지도 않아요. 그런 아이들을 보고 있으면 많이 서운한 것이 사실입니다. 성인이 되면 자기 속내를 털어놓는 친구가 되기도 하지만 아무래도 한없이 기쁨을 주던 아이 시절의 모습과는 다를 수밖에 없어요. 그때는 한 사람의 독립된 어른으로서 대접을 해줘야겠죠.

밥을 떠먹이고 옷을 입혀주고 잠을 재워줘야 하는 힘든 육아의 시절도 모두 한때입니다. 그리고 아이가 살아가는 일생에서 가장 많은 사랑을 해줄 수 있는 시간입니다. 찰나처럼 지나가는 그 시간을 자녀와 온전히 즐기길 바랍니다. 지금도 유치원으로 들어오는 아이들을 보고 있으면 우리 아이들의 어린 시절이 떠오릅니다. 그때가 많이 그립습니다. 세월은 참 빠르게 흐르더군요. 그러니 지금 품에 있는 아이를 부디 꼭 안아주고, 지금 이 순간을 즐기길 바랍니다.

지금도 저는 아들 녀석이 어쩌다 한국에 들어오면 만사를 제쳐두고 공항으로 마중을 나갑니다. 밥상도 한 상 떡 벌어지게 차려놓고요. 그런 저를 보고 남편은 "뭐 이렇게까지 하냐."며 핀잔을 주기도 해요. 하지만 그때마다 저는 이렇게 답합니다.

"내가 엄마니까, 아들이 있으니까, 딸이 있으니까 할 수 있는 일이야. 애들이 없다면 이런 기쁨도 없지 않겠어?"

그 말은 진심입니다. 사랑을 줄 수 있는 아이가 있다는 것, 사랑으로 아이를 키울 수 있다는 것은 축복입니다. 여러분을 응원합니다.

엄마가 하지 못한 말
아이가 듣고 싶은 말

1판 1쇄 인쇄 2021년 3월 17일
1판 1쇄 발행 2021년 3월 30일

지은이 최경선
펴낸이 고병욱

책임편집 이미현 **기획편집** 이새봄
마케팅 이일권 한동우 김윤성 김재욱 이애주 오정민
디자인 공희 진미나 백은주 **외서기획** 이슬
제작 김기창 **관리** 주동은 조재언 **총무** 문준기 노재경 송민진

교정교열 김승규

펴낸곳 청림출판(주)
등록 제1989 – 000026호

본사 06048 서울시 강남구 도산대로 38길 11 청림출판(주) (논현동 63)
제2사옥 10881 경기도 파주시 회동길 173 청림아트스페이스 (문발동 518 – 6)
전화 02 – 546 – 4341 **팩스** 02 – 546 – 8053
홈페이지 www.chungrim.com **이메일** life@chungrim.com
블로그 blog.naver.com/chungrimlife **페이스북** www.facebook.com/chungrimlife

ⓒ 최경선, 2021

ISBN 979-11-88700-80-6 (13590)